App Inventor
安卓手机应用开发简易入门

徐叶锋 著

清华大学出版社
北京

内 容 简 介

App Inventor 是一款由 Google 实验室开源，目前主服务器托管于麻省理工学院(MIT)行动学习中心的安卓手机应用开发工具。由于其具有可视化、块编程、非代码等众多优点，很好地跨越了在传统模式下进行程序开发需要一定代码编写基础的专业要求。在教学使用中，它降低了手机应用开发的门槛，让学生的创意能够以手机应用的形式展现。

本书主要针对中小学生教学设计需要，书中提供了多个操作性强兼具趣味性的小实例，大部分实例可以自己动手实践，同时兼顾拓展性需求。全书知识点难度循序渐进。

本书可作为中学生素质拓展课程的参考用书，也适合安卓 APP 开发爱好者。

本书封面贴有清华大学出版社防伪标签，无标签者不得销售。
版权所有，侵权必究。侵权举报电话：010-62782989　13701121933

图书在版编目 CIP 数据

App Inventor 安卓手机应用开发简易入门/ 徐叶锋著. —北京：清华大学出版社，2018
（创客教育）
ISBN 978-7-302-49311-2

Ⅰ. A…　Ⅱ. ①徐…　Ⅲ. ①移动终端－应用程序－程序设计－青少年读物　Ⅳ. ①TN929.53-49

中国版本图书馆 CIP 数据核字(2018)第 004260 号

责任编辑：田在儒
封面设计：傅瑞学
责任校对：刘　静
责任印制：刘祎淼

出版发行：清华大学出版社
　　　网　　址：http://www.tup.com.cn，http://www.wqbook.com
　　　地　　址：北京清华大学学研大厦 A 座　　　邮　编：100084
　　　社 总 机：010-62770175　　　邮　购：010-62786544
　　　投稿与读者服务：010-62776969，c-service@tup.tsinghua.edu.cn
　　　质量反馈：010-62772015，zhiliang@tup.tsinghua.edu.cn
印 装 者：北京博海升彩色印刷有限公司
经　　销：全国新华书店
开　　本：203mm×260mm　　　印　张：12.75　　　字　数：239 千字
版　　次：2018 年 7 月第 1 版　　　印　次：2018 年 7 月第 1 次印刷
定　　价：59.00 元

产品编号：067049-01

丛书编委会

主编　郑剑春

副主编　张春昊　刘　京

委员（以姓氏拼音为序）

曹海峰	陈　杰	陈瑞亭	程　晨	付志勇	高　山
管雪沨	黄　凯	梁森山	廖翊强	刘玉田	楼　燕
马桂芳	毛　勇	彭丽明	秦赛玉	邱信仁	沈金鑫
宋孝宁	孙效华	王继华	王　蕾	王旭卿	翁　恺
吴向东	谢贤晓	谢作如	修金鹏	杨丰华	叶　雨
殷雪莲	于方军	余　翀	袁明宏	张建军	赵　凯
钟柏昌	周茂华	祝良友			

序
人人创客　创为人人

　　少年强则国强。风靡全球的创客运动一开始就与教育有着千丝万缕的联系。这种联系主要体现在两个方面：一是像 3D 打印、智能机器、创意美食等融合了"高大上"的最新科技和普通人可以操作的、方便快捷的新福利，本身就有很强的吸引力，很多青少年是被其吸引过来而不是被叫过来，这样自然意味着创客教育有很大的教育意义。二是创客教育对教育的更大挑战是，让这些青少年真正地面对真实社会。在自媒体的时代，信息传播的成本基本为零，任何一个人在任何一个年龄段都可以分享自己的创意，甚至这个创意还在雏形阶段，"未成形，先成名"。社交网络上的真诚点赞和可能带来的潜在商机，让投身创客学习模式的青少年在锻炼动手能力和创新思维的同时，找到了一个和社会直接对接的端口。

　　那么，一个好的创客应该具备什么样的品质呢？首先是"发现问题"，发现自己和身边人的任何一个微小需求，哪怕它很"偏门"，比如一个用来检测紫外线强度是否过强的帽子。但是根据"长尾理论"，有了互联网，世界各地的朋友能够搜索到这种小众的发明，然后为其付费。其次是"质感品位"，做一个有设计思维的人，能够用设计师的方式去思考，当别人看到自己设计的东西时有一种"工匠精神"之感——确实花了很多心思去设计，真诚地为自己点赞。也可以在开始时就有自己的品牌特色，比如设计一个商标或者统一外部特征。物像人一样，我们可以察觉到它们的不同个性，好的设计像一个富有个性的人一样有它的特色。通过欣赏好的设计，并且去制造它，可以提高自己对质感的把握能力和对品位的理解能力，使自己的创客作品能够超越"粗糙发明"的状态，成为一个精致的造物。再次是要能够驾驭价值规律，可以从很多现成的套件入手，但是最终一定要能够驾驭原始材料，如基础控制板、电子元器件、木头、塑料、铝等，因为只有这样才能驾驭成本。几乎没有小饭馆会采用从大酒店订餐然后再卖给自己的顾客的做法，因为它们无法卖出大酒店的价格。同样，用现成套件搭建的作品也卖不出去，因为它的成本太高，只是一个很好的入门途径。通过一步步的学习，最终学会了驾驭原始材料，就能够实现物品的使用价值和成本之间的飞跃。就像我们用废旧物品制作一个机器人样，它仿佛在对你说："谢谢你给予了我新的生命，原来我一文不值，现在却成为大家眼里的明星。"而这种价值提升的过程也是创客特别引以为傲的地方。最后就是"资源和限制"，知道自己擅长什么、不擅长什么，才能很好地寻找合作伙伴，所有的创新都在有限资源和无限想象力之间"妥协"。通过了解物和人的资源及限制，就可以驾驭自己无限的想象力了。你肯定会想："哦，我明白了，创客就是对于任何一个自己或者别人微小的需求都能够用有质感和品位的方式来满足，从中得到价值上的提升，并且能够组建团队创造性地解决问题的一群人。"那么我会回答："嗯……我也不太清楚，因为创客领域的所有答案都要你亲自动手去解决，你先去做，然后告诉我，我说得对不对。""那么，我要怎么做呢？"

《创客教育》系列丛书提供了充分选择的空间，里面琳琅满目的创客项目，总有一款适合你。那么，亲爱的朋友，如果你现在能够对自己说，第一，我想学，而且如果一时找不到老师，我愿意自学；第二，我想去做一个快乐、自由的创造者，自己开心也能够帮助身边的人解决问题，那么你在思想上已经是一个很优秀的创客了。试想，一个"人人创客、创为人人"的社会应该是怎样的呢？我们认为一定是一个每个人都能够找到自己最愿意干的事，每个人都能够找到适合自己的项目"搭档"的世界。我们说得到底对不对呢？请大家动动手，亲自验证吧！

丛书编委会
2018年1月

前言

2010年，在App Inventor尚在Google实验室的时候，我从博客上看到了关于它的推荐文章，那时我只是一个计算机专业毕业的教育工作者，简单地接触过一点使用Eclipse、Android SDK制作APP程序的技巧，但那仅限于简单组件的显示、输出等。

抱着想了解非计算机专业的人如何通过这样一个软件构建属于自己的APP的初衷，我照着网站的教程学习了这个软件，如今已成为我的最基础的知识储备，本书所用的例子也多多少少有着这个教程的影子。

总体感觉，这款号称非专业计算机人员也能掌握的软件还是需要一定的编程开发知识，只不过不需要写代码，但脑子里还是要有程序运行结构流程图，面对一些事件处理机制，仍然需要有清晰的逻辑与构建APP相应的数据结构。

就这样断断续续地关注着这款产品，看它转移进了MIT的服务器，进而升级为AI2。实际上在那之前，据了解，这个App Inventor工具的开发团队核心——Hal Abelson，恰恰就是MIT的教授，同时MIT也是大名鼎鼎Logo小组和Scratch工具的孵化产地。我们至今仍可以看到App Inventor上有Scratch的影子，特别是具有可视化、块编程、非代码的特点。我们恰恰要了解的是Hal Abelson博士等人士为之奋斗的情怀：致力于让不懂专业编程代码的人学会编程，享受编程的乐趣。

如今，App Inventor开始在各个高中的选修课中热门起来，这是我觉得意料之外又合乎情理的事。我相信，随着它的普及，会有更多的人了解和受益，并且乐于此道，也为之热血沸腾。两年以前，我曾写过一个个性签名：传感器教学，离我们有多遥远。现在它就在我们身边，而诸如App Inventor等教学工具的出现，无疑是这一憧憬的加速剂，所以我们需要愉快地拥抱它。

通过选修课开设的实践，使我更有激情，也使我斗胆改编和撰写这一选修课程的教材。既是对自己选修课程实践的整理和改进，也是希望让更多的人知道有这样一款工具的存在，并且可以在教学中应用起来。由于水平所限，文中如有不妥之处，还望指正。

本书中涉及的大部分课程例子，包括教学视频均可从下列网址中下载，以供大家相互研究探讨，但我保留对此教学资料的个人知识产权。

相应资源下载网址：https://tieba.baidu.com/f?kw=於潜中学创新实验室。

徐叶锋

2018年3月

教学建议

章　节	建　议　课　时
第一章	2课时
第二章	4课时
第三章	6课时
第四章	4课时
第五章	4课时
第六章	建议多于4课时
综合实践	4课时

　　课程中涉及的知识点由上至下难度依次递增，大部分可以动手实践，例子都比较简单，学生先期可以对课例进行模仿，而后改进，最后自己独立制作一个APP。

　　第五章之后的各章节案例有一定的难度，可以在课时充足或者提高难度的时候引入，课时不足可以作为自学拓展使用。

　　无须完全比照课时建议，各个教学例子相对独立，可以选择与教学进度相匹配的合适例子，在备课过程中也可以自行组合。

目 录

第一章　App Inventor的前世今生 1

　　第一节　App Inventor的发展史简介 1

　　第二节　App Inventor 的运行环境搭建和机房教学环境配置 3

　　第三节　App Inventor的基本使用 6

　　第四节　终极目标——APP的"上市计划" 8

第二章　OneAndOne——组件入门 13

　　第一节　个人专属APP就这么简单 13

　　第二节　发声按钮——HappyButton 22

　　第三节　宝箱大作战——HappyBox1 29

　　第四节　宝箱大作战2——HappyBox2 37

　　第五节　会哭会笑的手机加速度传感器——HappyDay 46

第三章　互动小应用 53

　　第一节　自动售货机——HappySolt 53

　　第二节　石头、剪刀、布——HappyRPS 59

　　第三节　快乐打鼹鼠——HappyKick 70

　　第四节　跳跃男孩——HappyJumping 77

　　第五节　快乐跑男——HappyRunning 85

第四章 绘图达人 95

第一节 基本图形界面——HappyPaint_V0 95

第二节 可控圆与直线的约会——HappyPaint_V1 101

第三节 程序的美化打包——HappyPaint_Final 106

第四节 终极抓娃娃——HappyCatch 109

第五章 个性化应用 119

第一节 群发短信自动回——HappyMsgRobot 119

第二节 校园开心问答——HappyQA 126

第三节 开心查找——HappyFinding 132

第四节 青春记忆——HappyCamera 143

第六章 网络综合拓展 153

第一节 玩转网络数据库——HappyTinyWebDB 153

第二节 读取Json数据——HappyWebJson 159

第三节 快乐高手榜"贪吃蛇"——HappySnake 167

参考文献 188

后记 189

第一章　App Inventor的前世今生

本章介绍 App Inventor 的发展历程、环境搭建和机房配置，简单地讲解界面设计和使用 Blocks 编程的风格，后续章节讲解 App Inventor 如何打包成安装程序 APK，以及如何让自己的 APK 在安卓操作系统应用市场中成功"上市"。

第一节　App Inventor的发展史简介

App Inventor 的完整名字是 App Inventor for Android，所以用它制作的应用是和安卓手机操作系统相配的。这个项目一开始是 MIT 的 Hal Abelson 教授（见图 1-1-1）领导创建的，在 Google 实验室得到完善，于 2010 年 7 月 12 日上线运行，2010 年 12 月 15 日公开发布，当时的名字还是 Google App Inventor，并一直标注 Beta 版本符号。

在 2011 年的某一段时间，谷歌公司公布了应用的源码，提醒大家即将关闭服务器，需要自己导出原有项目文件，并在 12 月关闭了服务器。几个月后再进 App Inventor 官网时，已经直接跳转到 MIT 托管代理的服务器了。使用方式和方法与之前基本一致，起初一直未有大的改变，但基于此的各类教程资源在不断增多，可见还是有相当大的影响力。一直到 2013 年 12 月，MIT 推出了免装 JDK 和设置环境变量的真正浏览器版本 AI2，之前称为经典 AI，其标志如图 1-1-2 所示。

图1-1-1　Hal Abelson教授

图1-1-2　Google App Inventor 时期的标志

本书所涉及的课例和源码都是基于 AI2 的,两个版本间的代码并不通用。经典 AI 导出的文件是特定压缩包格式,而 AI2 导出的文件格式是 *.aia。

两者相比,界面设计上 AI2 有着不少的优化。外观更美化,模块更精简,组件更先进,操作更容易。两者的区别主要体现在以下几点。

(1) 在切换到块模块编程时(见图 1-1-3),经典 AI 需要启动 Java SDK,在外部打开 OpenBlocks 工具,而 AI2 只需切换一下界面就可以了,运行更流畅。

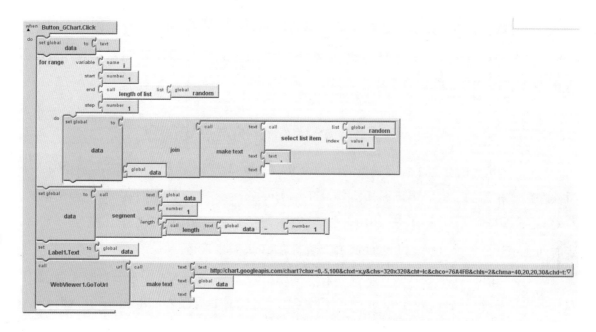

图1-1-3　经典版AI Blocks块风格

(2) 在界面色彩上,AI2 更注重区分块模块的类型、方法及属性,并使用更加鲜明的颜色区别,UI 界面效果感觉更佳,如图 1-1-4 所示。

发展至今,国内已有很多 App Inventor 爱好者,喜欢研究并发布了基于 AI2 的中文版本。笔者的教程还是以英文版本为主,原因之一是笔者原有教材整理上一直用的是英文版本,在其他编程学习中接受的代码编写也是以英文为主。从模块事件名词解释方面,反而英文版本更容易接受。而且从学生的思维联想方式,英文的版本更有助于高中其他编程模块的学习能力衔接,如目前普通高中依然在使用 VB(简称 Visual Basic)编程。

注:因为版本问题,笔者在小范围内开展过一次调查,在参与调查的高一新生中,相对英文版本,大家更乐意接受中文版本。但是笔者之前的两个学年都是使用英文版教学,在教学行为上,障碍性并不明显。

第一章　App Inventor 的前世今生

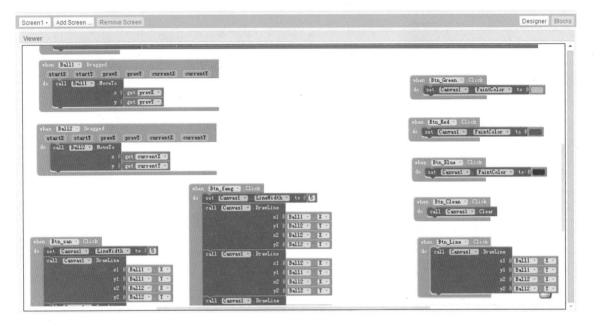

图 1-1-4　AI2 Blocks模块风格

顺便说一下，原有 Google 实验室的子项目 App Inventor 转移到 MIT 之后，Google 在 2012 年推出了一个图像化编程工具 Google-Blocksly，这是基于多种语言可导出代码的图形化编程工具，同样的类似可视化块编程的模式，在它身上可以看到 Scratch 和 App Inventor 相结合的身影。

由此，APP 的程序设计开发的思想和制作工具本身并不是绑定的，App Inventor 制作的程序虽然不能直接在苹果 iOS 上搭载运行，这与我们学习使用 App Inventor 开发 APP 并不矛盾，因为 APP 界面设计和开发相应的流程是基本相通的。

第二节　App Inventor 的运行环境搭建和机房教学环境配置

经典 AI 的安装环境稍微复杂一些，需要安装 JDK 和设置 App Inventor 的环境变量，目前的 AI2 已经比较成熟，相对比较简单，所以这里只对 AI2 的运行环境做基本介绍。

近期不断有新版本的 AI 出现，所以这里以兼容服务器的 AI 伴侣的版本代号形式描述，就是下面介绍的 2.10 和 2.23 两个版本。

1. 2.10 服务器单机版

图 1-2-1 是 2.10 版本的安装资源列表，是早期使用的相对稳定的版本。

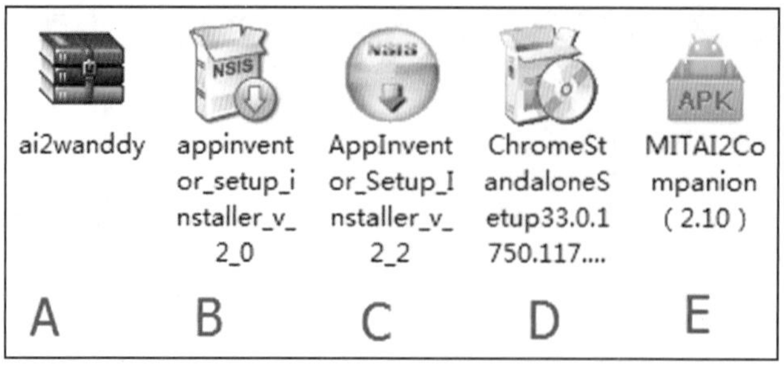

图1-2-1 App Inventor 2.10版安装环境程序资源列表

资源列表说明如表1-2-1所示。

表1-2-1 资源列表说明

代 号	程 序 名	说 明
A	离线服务器版本	在官网之外使用App Inventor的一个离线解决方案
B	App Inventor 2.0 客户端	建议安装此版本，与离线服务器版本兼容性较高，但官网会有提示更新
C	App Inventor 2.2 客户端	目前较新的客户端版本
D	谷歌浏览器安装程序	App Inventor需要非IE内核浏览器才可以打开
E	MIT AI 伴侣	用于手机上调试App Inventor程序

App Inventor的安装很简单，如果是个人使用只需在计算机上安装C、D就可以；如果在机房教学，要考虑众多因素，自主搭建App Inventor的运行环境也是十分必要的。

小知识：离线与在线环境介绍如下。

2.10版单机离线安装包文件较多，但是解压之后就能直接单击使用。为了适应机房的教学，于在线方案之上又提出了一个App Inventor的离线环境搭建方案，主要参考了Wanddy的分享离线资源包（可从App Inventor中文官网和前言中列出的资源共享网址下载）。

离线单机版和在线版本的区别，如表1-2-2所示。

表1-2-2 离线单机版和在线版本的区别

类 型	离线单机版	在 线 版 本
共同点	软件使用和使用习惯基本一致，源代码向下兼容，可通用	
各自优点（不足）	• 稳定 • 封闭式局域网，不占用Internet带宽资源 • 离线单机版在AI伴侣的版本兼容性性会有一定的限制 • 推荐机房使用	• 服务器在海外，尚不稳定 • 享有独立账号Google在线云存储 • 在线即可通过任意PC端进入上次编辑状态，组件更新及时 • 推荐个人使用国内推荐的广州电教云

续表

类型	离线单机版	在线版本
环境配置	• 需安装 App Inventor 客户端 • App Inventor 局域网离线服务器	App Inventor 客户端

> **提示**：目前受网络屏蔽的影响，App Inventor 的官方在线服务器一直存在难以打开的问题，所以即使是个人使用，也推荐自己搭建局域网服务器，或者使用国内搭建的在线版本。

2. 2.23 服务器单机版

相对于 2.10 版本的安装程序，2.23 版比较简单，如图 1-2-2 所示，只有一个安装程序与 AI 伴侣。安装程序集中了 App Inventor 的客户端与服务器端，安装之后启动变得更简单、方便。更重要的是，它提供了一些新的组件，如文件组件等。其界面如图 1-2-3 所示。

图1-2-2　App Inventor 2.23版安装环境资源列表

图1-2-3　App Inventor 2.23离线版界面

3. 2.41 广州电教云版本

网址：http://app.gzjkw.net/login/ ，基本界面如图 1-2-4 所示。

网络在线开发版本组件会有更新，一些方法的参数更加人性化，可控性更强。如果机房适合在线学习，使用云版本也是一个不错的选择，学生可以在家里同步进行操作，适合开放式的教学。

图1-2-4 广州电教云版界面

注：由于编写本书时，AI2版已经有所更新，所以建议使用最新的版本并将模拟器和测试手机更新为最新版本的AI伴侣，这样可以体验比较完整的AI2的最新功能。

第三节 App Inventor的基本使用

使用App Inventor开发APP的基本流程：打开浏览器，输入在线地址。进入设计组件界面，拖曳相应的组件，再切换到Blocks编程界面，对组件进行相应的事件定义和参数设置即可。

1.3.1 界面设计与组件构成

如图1-3-1所示，在界面设计阶段，将组件从A区域拖曳放入B区域Screen组件下（新建一个项目自动会产生一个Screen组件根目录），然后再选择相应组件，在D区修改相应属性。

1.3.2 可视化块编程模式

在一般的界面设计之后，切换到Blocks编程界面，进行图形块的拼接，单击图1-3-2中的框选区域。

模块主界面如图1-3-3所示。

第一章　App Inventor的前世今生

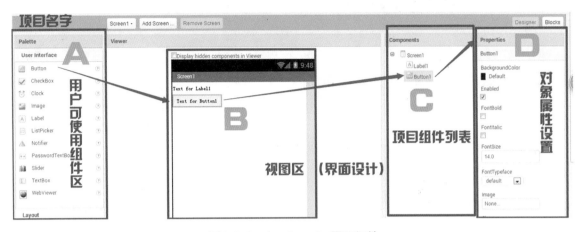

图1-3-1　App Inventor界面组件

A—用户组件区；B—视图区；C—已用组件区；D—组件属性区

图1-3-2　切换界面

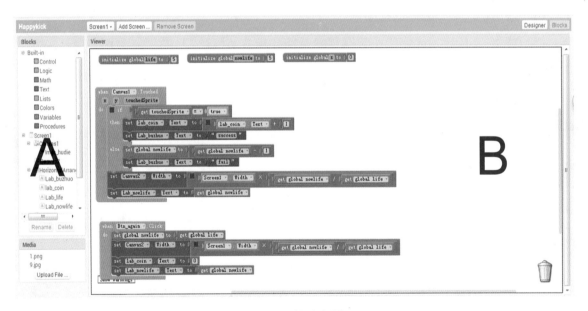

图1-3-3　模块主界面

A—组件对象和事件；B—模块化拼图搭建

从A区域选择一个对象进行事件的响应，或设置参数。这里只做基本展示，下面的课程中将会结合具体实例做更加精细的讲解。

1.3.3 在线云存储

使用在线 App Inventor 官网时,用 Google 账户登录可实现在线云存储,单击 Save Project 项目保存在 Google 云。下次即便不用这台计算机,使用同样的 Google 账号登录 App Inventor 的网站即可,默认跳转到最后一次使用离开时的项目设计界面,十分方便。

> 提示:MIT 的 App Inventor 官方网站稳定性不佳,所以建议使用广州电教云版本。

1.3.4 连接调试

在 Blocks 编程界面程序块拼接完毕后,就需要做一个调试测试,测试所做的 APP 有没有达到设计意图,运行上是否有问题。连接调试有以下 3 个选项。

(1) AI Companion 可以使用无线网络通过二维码扫描的方式连接到 APP 项目(要处于同一个可以 ping 通的局域网内)。

> 提示:安卓设备测试使用这个选项相当方便。

(2) 使用客户端安装后的模拟器。

(3) 使用 USB 连接线连接手机(前提是同样需要 AI 伴侣),不需要 Wi-Fi,但是需要数据线。

图 1-3-4 与图 1-3-5 所示为测试方式和测试流程。

图1-3-4 选择测试方法　　　　图1-3-5 测试流程

第四节　终极目标——APP的"上市计划"

本节主要讲解如何打包已经搭建好的 APP 项目,并发布推广安装包。

1.4.1 打包生成安装文件

当完成一个项目程序后,可以进行程序的打包,如图 1-4-1 所示。下列两种为主要生成 .apk 文件的方式。

第一章　App Inventor的前世今生

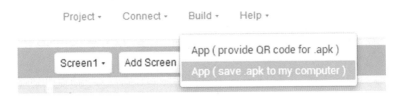

图1-4-1　打包的两种方式

1．provide QR code for .apk

生成该项目的二维共享码，直接通过 AI 伴侣下载安装。

2．save .apk to my computer

把它保存为一个单独的 .apk 文件。

APK 文件格式：APK 是 Android Package 的缩写，即 Android 安装包。

1.4.2　发布 APK

1．网络共享传播

如果想将安卓程序装到其他手机中，可以通过各种网盘共享 APK 文件，共享文件链接地址。这一操作比较容易且可操作性强。现在网络硬盘很多，如百度云盘。

（1）上传 APK 文件到百度云，然后分享地址，按需要设置文件是否加密。

（2）通过熟悉的社交媒体，如 QQ、邮箱等工具点对点地传播。

图 1-4-2 所示为利用百度云分享 APK 文件的界面。

图1-4-2　百度云分享APK文件

2．"上市"

要想使软件真正具有下载量和使用量，就要经受手机应用市场的考验，通过"市场"检验的应用，可以被更多感兴趣的人搜索和安装，上应用市场推荐榜之后更容易成为热门软件。

想要发布一个 APK 程序，要先拥有一条可以在"市场"发布 APK 文件的途径。以相对

来说比较规范、开放的安卓市场来说,其发布流程如下:

(1) 首先进入安卓网,注册成为一个开发者,这需要相应的认证,只要符合条件,一般都会通过审核。

需要注意的是,现在不是在安卓市场下载应用,而是要进入开发者联盟。单击图1-4-3所示的"开发者联盟"链接。

图1-4-3 "开发者联盟"链接

(2) 上传软件,需做必要的设置,才能发布该软件,如图1-4-4所示。

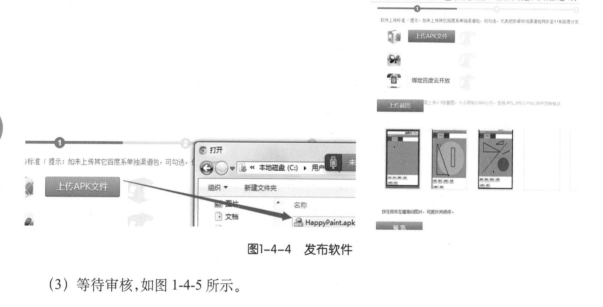

图1-4-4 发布软件

(3) 等待审核,如图1-4-5所示。

图1-4-5 等待审核

怎么样,是不是很期待自己的APP能够成功"上市"呢?虽然安卓市场开放性较大,但也不是随便做个APP就能成功推上"市场"的。

当APP通过审核后,就可以进入相应的安卓平台"市场",找到自己的APP进行下载和安装,而且经过平台审核的 APP 更有利于兼容其他手机。在分享时,相对来说可信度要更高一点儿。最关键的一点是,真的可以从别人手机的安卓市场找到你制作的应用。图 1-4-6 所示为本人发布的 HappyPaint（课程第四章案例项目）。

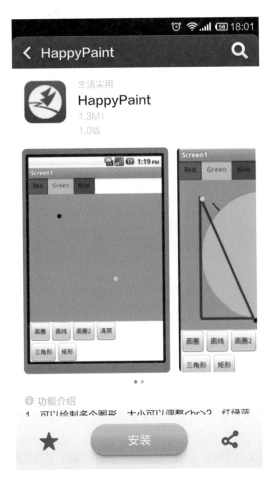

图1-4-6　安卓市场成功发布App Inventor应用页面

💡 **小知识**：现在想在各个安卓市场发布 APK 会有一定的难度,因为发布 APK 已有一套比较严谨的验证安全的机制。App Inventor 制作出来的简单程序,往往会具有不可控的风险性,由此会通不过审核。这个和 App Inventor 的版本更新是否有关联还尚不能确定,所以在这部分的演示,教师可以发布流程介绍为主,简单介绍如何发布流程,对于发布的结果不必深究。

图 1-4-7 所示为最新百度开发者平台发布 APK 文件的流程界面。

图1-4-7　百度开发者平台发布APK文件流程

其他各开放平台基本与此类似。

本章总结

学习完本章，应该对App Inventor的发展历程有了比较清楚的了解，并且基本了解使用App Inventor 开发APP的流程。

第二章　OneAndOne——组件入门

本章将通过引导创建 OneAndOne、HappyButton、HappyBox、HappyDay 的课程实例，熟悉组件的基本应用，了解 Blocks 编程的风格，学会测试和调试自己的 APP。在界面设计和可视化块编程方面有一个应用实践，可以真正步入自己创建应用的大门。

第一节　个人专属APP就这么简单

1. 本节概要

学会启动 App Inventor 的工作界面，熟悉各个界面布局以及工具栏相应位置和模块编程使用方式，通过 OneAndOne 的课程实例引导，开启学生 App Inventor 应用开发的快乐之旅。

2. 学习要点

- 启动离线 App Inventor,熟悉相应流程；
- 用户组件 Label 和 Button 的使用；
- 如何利用简单级组件创设有趣的应用。

3. 实例探究——OneAndOne

OneAndOne 的定义是一个组件加一个组件,可以做出什么样的应用呢？

可以通过这个课程实例,来实践验证一下 APP 的基本功能。

单击应用中的按钮之后,Label 标签跳出设置好的名字,效果为从图 2-1-1 变成了图 2-1-2。

4. 离线环境的启动

1）共享版本说明

在笔者共享的百度网盘有两个离线服务器 2.10 版本与 2.23 版本，2.10 是英文单机版，2.23 是可转换中文单机版。共享地址为 http://pan.baidu.com/s/1c00BstU。

经测试两个版本在大多数情况下都能较好地兼容,中文版本的可读性更好、组件更新,但在涉及一些具体语言模块上模拟器调试会有一些问题。本教程还是基于英文版本编写,而涉及语言版本的影响相对很小,主要以入门为主。

图2-1-1　程序界面　　　　　　　图2-1-2　运行结果

2) 2.10 旧版本离线服务器

离线环境的启动,打开前文所提资源列表中离线服务器包,启动 AIServer 和 Bulidserver,如果 App Inventor 客户端没有打开也一并打开,最好把这 3 个快捷方式放在一起,合并成启动 3 项,如图 2-1-3 所示。

图2-1-3　启动各项服务命令并提示成功启动

✎ 提示:离线版本有可能会出现无法正常使用,在都启动的时候无法正常进入。一般只需右击 Google 浏览器重新加载即可。如不行,则关闭服务器再打开,基本能解决问题。

3) 2.23 新版本离线单机版

安装之后的启动界面如图 2-1-4 所示,可以选择"一键启动",相对快捷。

离线版本与在线版本的区别是开发服务器的架设位置,离线把服务器设置在自己计算机上,用客户端 AI Starter 访问。而使用云版系统(在线)时,服务器是架在网络上的,作为客户端的 AI Starter 同样还是要打开的,因为调试的时候不管是离线还是在线版本,都是通过 AI Starter 客户端连接模拟器或者手机使用的。

第二章　OneAndOne——组件入门

图2-1-4　选择"一键启动"

5. 界面设计与组件构成

根据图 2-1-5 所示,选择合适的控件对象(一个按钮、一个标签)进行简单设置,详细操作可参考图 2-1-6。

图2-1-5　基本界面

APP：OneAndOne		
元件构成(类型)	组件名	说明
一个按钮组件	BtnGetName	触发显示名
一个文本标签组件	LabName	用于显示名

图2-1-6　控制对象

6. 组件的拖放和设置

根据图 2-1-7,选择界面上合适的控件对象进行简单拖放和设置。

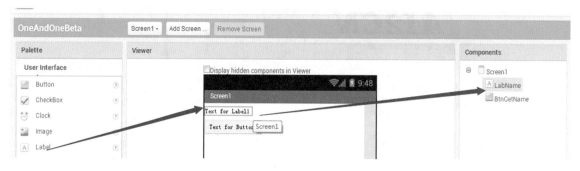

图2-1-7　Label标签和Button按钮的设置

1)组件重命名

在用户组件区（C 区）选择组件,单击 Rename（重命名）按钮,在跳出的窗口输入想要更改的名字,如图 2-1-8 所示。

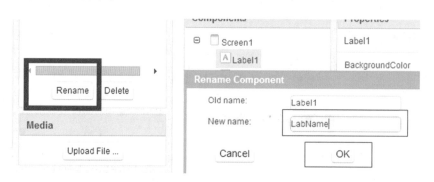

图2-1-8　组件重命名

重命名可参照表 2-1-1。

表2-1-1　重命名

组件类型	原名字（Old name）	新名字（New name）
Button	Button1	BtnGetName
Label	Label1	LabName

🖉 **提示**：命名时可保留其**原有组件属性＋自己取的名字**,采用驼峰式,各单词首字母大写命名。这样的好处是能够比较完整地说明组件和用途,可参考图 2-1-9。左右观察,可以发现,右边的组件重命名之后,可读性大大提高,方便查找。

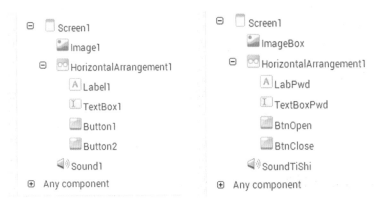

图2-1-9 组件命名对比

2）设置组件属性值

从用户组件区拖曳组件到视图设计，并修改相应属性，课例所用组件属性修改，可参照表 2-1-2 中的属性值设置，其他保持默认值即可。

表2-1-2 属性值设置

组件名	属 性 名	属 性 值	说　　明
LabName	Text	your name	默认显示文本
	TextAlignment	center	居中对齐
	TextColor	Orange	黄色
	Width	Fill parent	充满（指和 Screen 一样大）
BtnGetName	Text	Get	默认显示文本
	TextAlignment	center	居中对齐
	TextColor	Default	默认
	Width	Fill parent	充满

具体详细实例——文本框 Label 对象属性如图 2-1-10 所示。

7．Blocks 编程拼接搭建

切换到 Blocks 编程界面，观察发现组件设计界面与左侧 Blocks 下按钮可以相互切换，如图 2-1-11 所示，所以单击 Blocks 按钮就可以切换到 Blocks 编程界面。

观察图 2-1-12 所示的 Design 编程界面和 Blocks 编程界面可以发现，Screen1 下的组件是一一对应的。

详细操作如图 2-1-13 至图 2-1-15 所示。

图2-1-10 组件对应属性栏

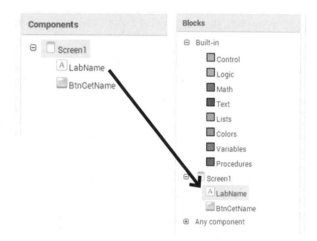

图2-1-11 切换按钮　　　　图2-1-12 Design和Blocks编程界面比较

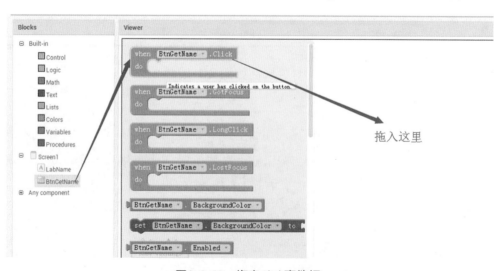

图2-1-13 拖曳Click事件框

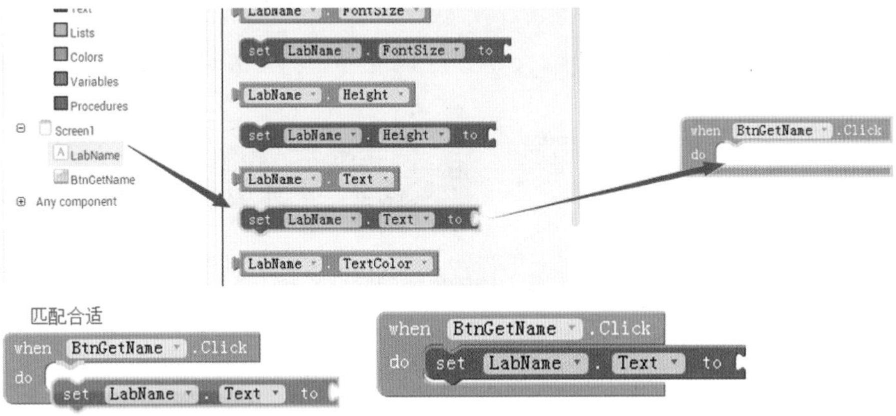

图2-1-14 搭建模块

（1）单击BtnGetName按钮拖曳一个Click事件框。

（2）单击LabName按钮设置Text属性框与Click事件框相接（接口正好匹配）。

如图2-1-14所示，选择标签对象的弹出列表，拖动相应模块至主搭建界面。

✒ **提示**：在图2-1-15所示操作中，从Built-in中选择Text；将其拖入一个空白文本模块拼接后输入字符，也可以先输入字符再拼接，此处无影响，即模块以最后形状为准。

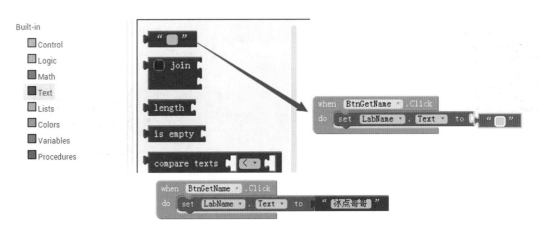

图2-1-15 设置完整

8. 代码解读

该模块比较简单，即按钮的一个Click事件，让标签显示文本。用的是一个基本的赋值操作（改变属性值）。

9. 测试

接下来，就进入测试APP阶段，选择模拟器测试（见图2-1-16）是对于机房教学比较常用的方法。

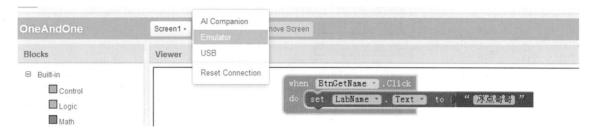

图2-1-16　使用模拟器测试界面

进入程序测试,启动模拟器需要花费一定的时间,未结束之前不要单击 Cancel 按钮。因为单击 Cancel 按钮之后,模拟器会照常启动,但是不会进入调试 APP 的过程,一般学生单击 Cancel 按钮之后,最有效、方便的做法还是让学生重新启动模拟器。图 2-1-17 至图 2-1-19 就是调试过程中的各个界面。

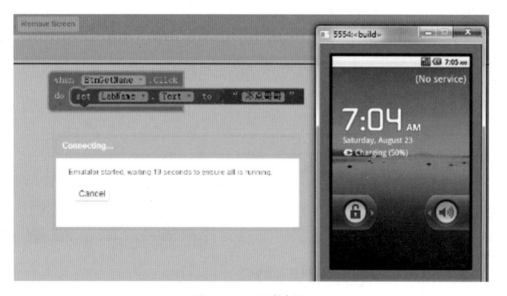

图2-1-17　调试过程1

图2-1-18　调试过程2

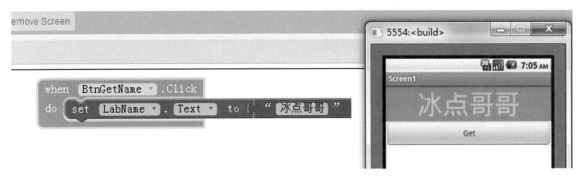

图2-1-19　调试过程3

✏️ **提示**：进入调试时，Blocks 代码模块和 UI 界面可以即时修改，不用重新启动模拟器，图2-1-20就是修改了文本，在模拟器中直接运行测试的界面，在教学时提醒学生不必退出模拟器，如图2-1-20所示。

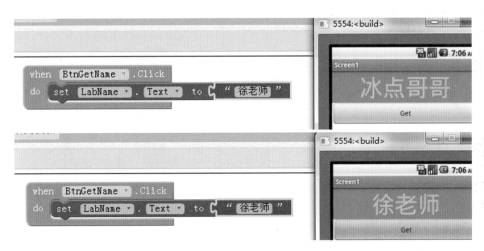

图2-1-20　即时修改界面

10. 项目的保存和导出

1）保存文档

使用"保存工程"命令保存文档，如图2-1-21所示。

2）导出文档

导出文档这个步骤还是很重要的，因为机房教学是需要有作业留存的，而且装了还原系统的机房往往无法保存学生单机版的作业，所以学生作业保存

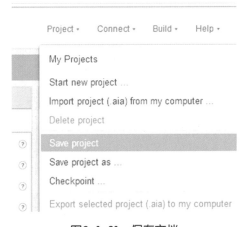

图2-1-21　保存文档

的最好方法就是导出后存在教师机或者网盘中,这样可对第二次继续修改和完善有一个延续。导出操作可参考图 2-1-22 所示,主要方法如下。

(1) 选择 My Projects 选项。

(2) 勾选左侧的相应复选框。

(3) 选择 Export selected project (.aia) to my computer 命令。

导出的下载地址为默认下载目录,机房一般设置为:"我的电脑"→"我的文档"→Download 目录。

> 提示:如有需要可以导出全部工程项目,即选择 Export all projects 命令。

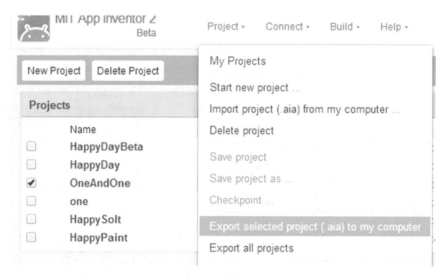

图2-1-22　导出文档

11. 思维拓展任务

(1) 学习了本节课的实例,实例的美化界面应该如何实现?

(2) 找两个组件构成新版的 OneAndOne,通过自己的实践,建立两个组件之间的响应,试一试能不能做一个单击即可出现图片或者音乐的应用呢?

第二节　发声按钮——HappyButton

1. 本节概要

本节结合声音、图片、按钮、布局控件等来加深学生对控件的理解和使用。本章涉及声音以及图片资源的导入,通过本节课的学习,可以更加直观地对手机应用的多媒体使用有所了解,熟练掌握对 App Inventor 的基本操作。

第二章 OneAndOne——组件入门

2．学习要点

- 掌握界面的基本布局；
- 掌握资源上传；
- 标签的动态修改；
- 声音的调用和停止。

3．实例探究——HappyButton

本实例中单击"桃花源记"按钮，会播放桃花源记的音乐，单击"湖心亭看雪"按钮又能播放湖心亭看雪的音乐，单击"停止"按钮时音乐停止，程序界面如图2-2-1和图2-2-2所示。

图2-2-1　程序界面1

图2-2-2　程序界面2

4．界面设计与组件构成

其界面如图 2-2-3 所示。

图2-2-3　最终UI界面

5. 组件的拖放和设置

如图 2-2-4 所示,结合界面需要 3 个按钮,1 个标签,1 个图片组件,1 个水平布局控件和 1 个声音组件。

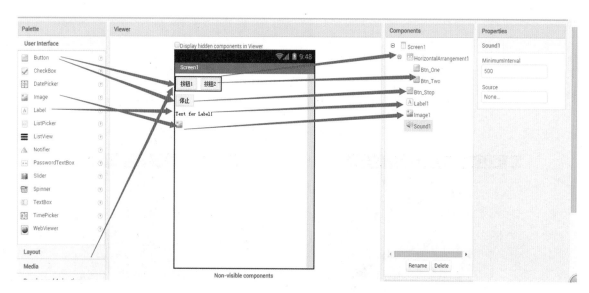

图2-2-4　组件的拖放和设置

参考表 2-2-1,拖曳所需组件放入设计窗口并进行设置。

表2-2-1　界面设计和详细设置

组件所属列表	组 件 名	属性名	属性值	说　　明
Layout	HorizontalArrangement1	—	—	水平布局控件,用于多个组件水平放置
User Interface	Btn_One	Text	桃花源记	用于播放
	Btn_Two	Text	湖心亭看雪	用于播放
	Btn_Stop	Text	停止	用于停止
	Label1	Text	正在播放	显示
		FontSize	20	字体 20
		TextAlignment	Center	居中显示
		Width	Fill parent	充满,紧挨上层组件
	Image1	Picture	th.jpg	背景图片
		Width	Fill parent	与屏同宽(紧挨上层组件)
		Hight	300	高度 300 像素
Media	Sound1	—	—	声音组件

1）认识新组件

HorizontalArrangement 水平布局控件：水平布局组件，不使用水平布局控件时每一行默认只能放一个组件，而且上下紧挨。水平布局组件里可以水平放置多个组件，如图2-2-5所示。

Image 组件：用于显示图片，如图2-2-6所示。

Sound 组件：用于播放支持格式的声音，如图2-2-7所示。

图2-2-5　水平布局控件　　　图2-2-6　图片组件　　　图2-2-7　声音组件

2）资源上传

资源上传操作示意图如图 2-2-8 所示。

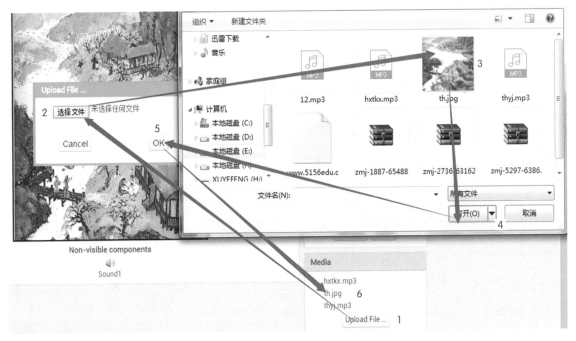

图2-2-8　资源上传示意图

1—单击 Upload File... 按钮；2—在打开窗口中单击"选择文件"按钮；3—选中需要上传的资源文件；4—单击"打开"按钮；5—单击 OK 按钮确认需要上传的文件；6—查看 Media 下是否有资源文件成功上传

上传完成之后选择需要设置的组件进行设置，如 Image1 的 Picture 属性可设置成刚上传的 th.jpg，如图 2-2-9 所示。

6．Blocks 编程拼接搭建

1）单击按钮发出声音

希望利用 Sound 组件达到发声的目的，所以要先了解 Sound 组件主要的属性设置和方法，除去一些常规的参数，发现 Sound 有几个需要了解的参数如下。对照图 2-2-10，了解 Sound 组件的各个方法（紫色模块）。

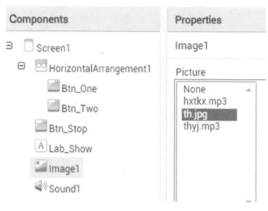

图2-2-9　设置上传文件

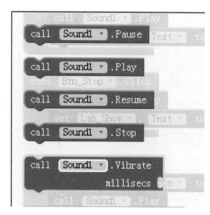

图2-2-10　Sound组件的含义

声音组件可调用的模块方法如下。

（1）Pause：暂停；

（2）Play：播放；

（3）Resume：恢复播放；

（4）Stop：停止；

（5）Vibrate millisecs：振动时间。

注：直接调用 call Sound1.Play 是无法发出声音的，就像录音机没有磁带按播放时放不出声音一样，所以需要结合起来，给声音组件一个源。而调用声音的过程可以通过观察声音模块的组件设置声音源，如图 2-2-11 所示。

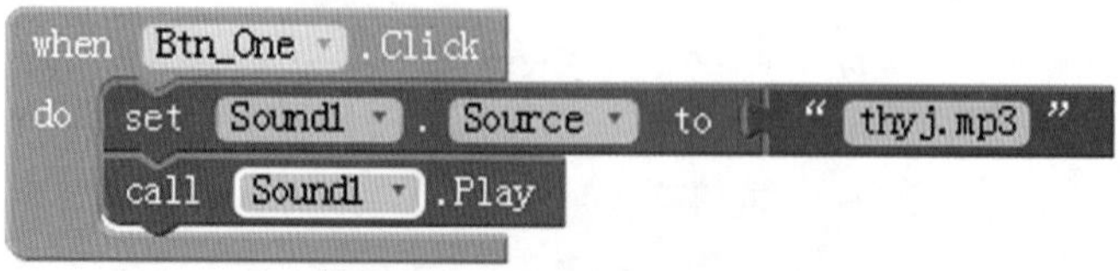

图2-2-11　设置声音源

除了单击按钮发出声音外,结合标签的属性修改,还可以让标签显示放的是什么,即演示图 2-2-1 的运行结果。模块搭建可参考图 2-2-12。

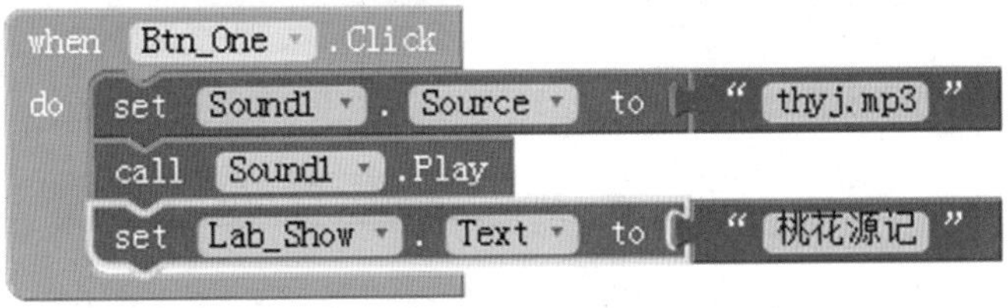

```
when Btn_One .Click
do  set Sound1 . Source  to  " thyj.mp3 "
    call Sound1 .Play
    set Lab_Show . Text  to  " 桃花源记 "
```

图2-2-12 显示声音播放的音乐名1

同样,可以设置按钮 Btn_Two 的 Click 事件,如图 2-2-13 所示。

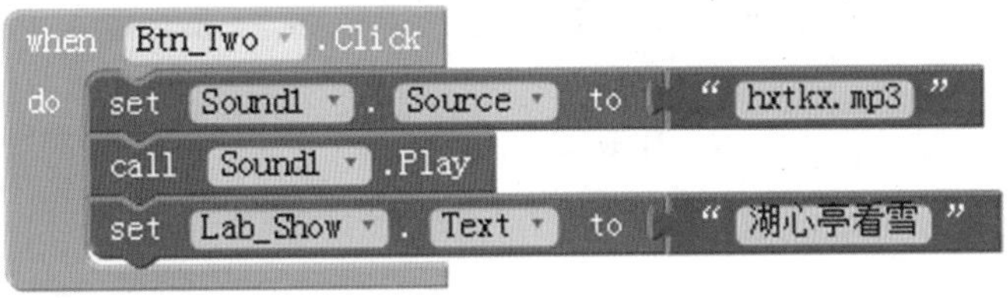

```
when Btn_Two .Click
do  set Sound1 . Source  to  " hxtkx.mp3 "
    call Sound1 .Play
    set Lab_Show . Text  to  " 湖心亭看雪 "
```

图2-2-13 显示声音播放的音乐名2

2)单击停止按钮让声音停止

除了实现播放外,还可以实现"停止"按钮的功能。所以在"停止"按钮的单击事件中,调用声音的停止事件就可以了。模块搭建如图 2-2-14 所示。

```
when Btn_Stop .Click
do  call Sound1 .Stop
    set Lab_Show . Text  to  " 停止播放 "
```

图2-2-14 让声音停止的模块搭建

3)完整显示

完整模块如图 2-2-15 所示。

7. 代码解读

设置好声音源,调用声音和停止声音。然后根据按钮单击的状态,修改显示文本的标签值,达到提示的作用,熟悉图片素材的上传设置与使用。

8. 测试

使用模拟器对 APP 进行测试,测试界面如图 2-2-16 所示。

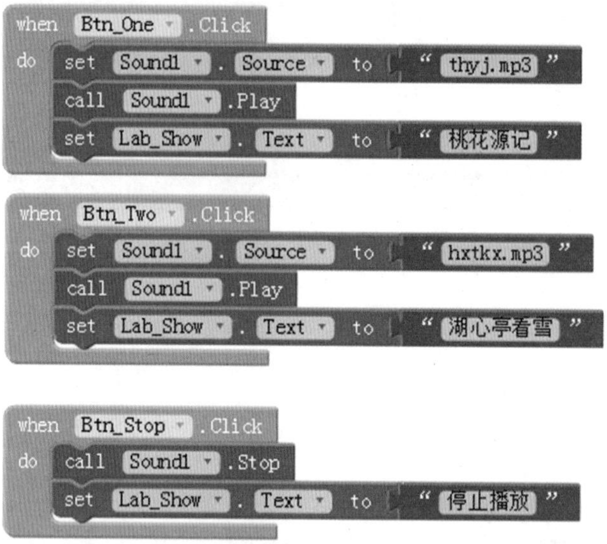

图2-2-15 完整模块

图2-2-16 使用模拟器测试界面

提示：在测试时出现打开失败的提示,主要原因是加载声音需要一个响应过程,特别是音乐文件越大,这个效果更加明显。

9. 项目的保存和导出

(1) 保存项目的方法：执行 Project → Save project 命令。

(2) 导出项目的方法：执行 Project → My Projects → Export selected project (.aia) to my

computer 命令。

(3) 默认下载目录:"我的电脑"→"我的文档"→Download 目录。

10. 思维拓展任务

本节实例实现了声音的变换,能否在此基础上实现其他类型组件的变换?如实现单击按钮变换图片等。

第三节 宝箱大作战——HappyBox1

1. 本节概要

本节介绍如何使用 Image 组件和文本输入框,组合成一个验证开箱密码的程序。验证时伴有声音的提示,在 Blocks 编程引入了 Control 模块的 if-else 选择模块,针对此模块进行讲解使用及模块的组合拓展。

2. 学习要点

- 用户组件 Image 和 Text 的使用;
- 布局控件的介绍、Media 类 Sound 组件的拖曳使用;
- 图片和声音资源上传到 Media 栏后的基本使用操作;
- if-else 选择模块的基本使用。

3. 实例探究——HappyBox1

在输入密码框输入字符,如果正好是设置的宝箱密码,那么开启宝箱并成功放出欢快的音乐;否则有错误提示声,图片不做改变。程序界面如图 2-3-1 和图 2-3-2 所示。

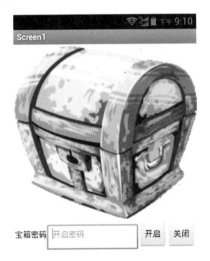

图2-3-1 程序初始界面

图2-3-2 运行结果

参考图 2-3-3 与相关文字说明，了解并认识新组件。

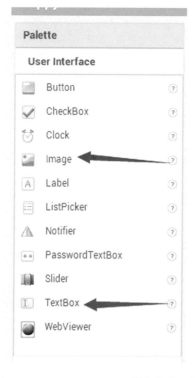
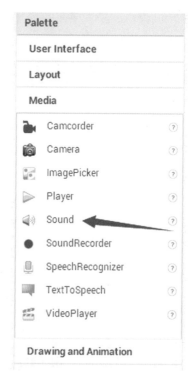

图2-3-3　认识新组件

Image 组件：用于显示图片；TextBox 组件：用于输入字符；Sound 组件：用于播放支持的声音格式；布局组件：可针对组件进行一定的布局，如图 2-3-4 所示，水平排列多个，不使用布局组件时每一行默认只能放一个组件，而且上下紧挨着。

- 上传资源

图2-3-4　布局组件

在 Media 栏单击 Upload File 按钮，即可实现资源文件的上传，如图 2-3-5 所示。

4．界面设计与组件构成

图 2-3-6 所示为 HappyBox1 的最终 UI 界面。

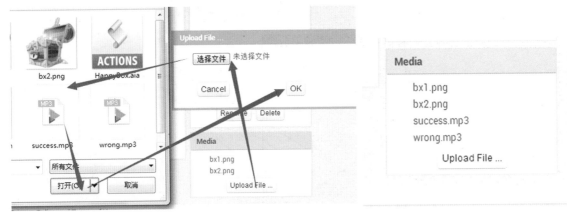

图2-3-5 上传资源

图2-3-6 最终UI界面

5. 组件的拖放和设置

组件的拖放和设置如图 2-3-7 所示。

上传资源类后对资源的使用,如图 2-3-8 所示,在组件 Image1 的 Picture 属性设置为 bx1.png。

组件清单:1 个 Image 组件,1 个水平布局控件。水平布局控件目录包含 1 个标签控件,1 个 TextBox 组件,2 个按钮组件,1 个声音组件,界面设计和详细设置可参考表 2-3-1。

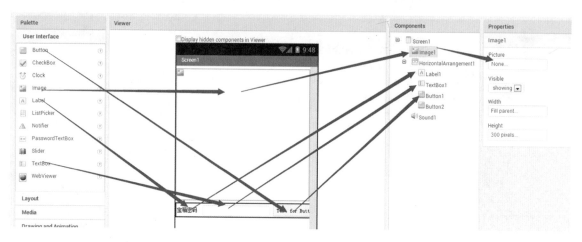

图2-3-7　组件的拖放和设置

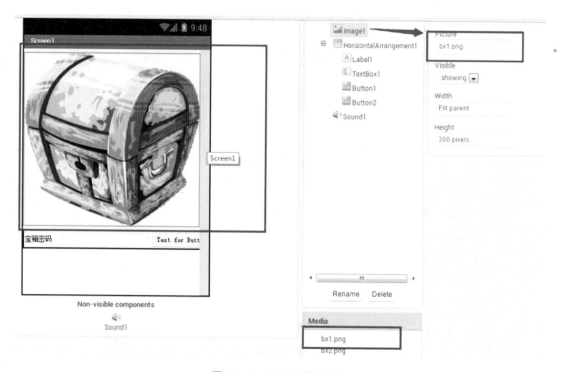

图2-3-8　图片初始设置

表2-3-1　界面设计和详细设置

组件所属列表	组件名	属性名	属性值	说明
User Interface	ImageBox	Picture	bx1.png	默认图片显示为box1（宝箱关闭图片）
		Width	Fill parent	充满
		Height	300像素	和图片素材有关

续表

组件所属列表	组 件 名	属性名	属性值	说 明
Layout	HorizontalArrangement1	Width	Fill parent	充满
User Interface	LabPwd	Text	宝箱密码	标签文本
	TextBoxPwd	Hint	开启密码	Hint 值在输入后就自动替换,不必清除
	BtnOpen	Text	开启	—
	BtnClose	Text	关闭	—
Media	SoundTiShi	—	—	初始化时默认值

非新组件使用不再罗列,有疑问可参看本章第一节有关内容。

6．Blocks 编程拼接搭建

通过对实现课例目标的应用分析,知道核心的模块式是条件选择,那么先来学习一下 If 模块的使用。

if 模块在 Built-in 中 Control 选项里,蓝色方块可以改变 if 模块的形式,如图 2-3-9。

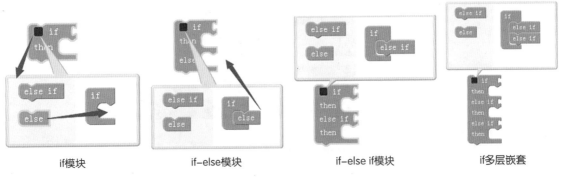

图 2-3-9　if 的 Blocks 模块类型

这样看来,宝箱密码使用的就是 if-else 模块了,流程和对应模块如图 2-3-10 所示。

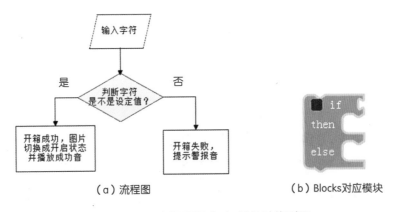

（a）流程图　　　　　　（b）Blocks 对应模块

图 2-3-10　流程图和 Blocks 模块结构对照

接下来，将详细地讲解宝箱大作战的模块拼接。

（1）BtnOpen 按钮 Click 事件框中加入 if-else 模块，如图 2-3-11 所示。

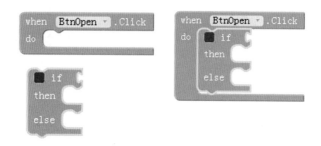

图2-3-11　BtnOpen按钮Click事件框中加入if-else模块

（2）在 if-else 模块里添加条件判断句。

参考图 2-3-12 所示的 4 个步骤在 if-else 模块中添加对应的模块。

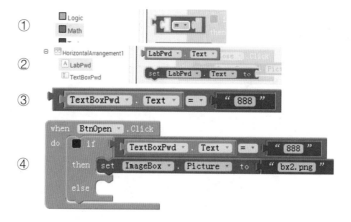

图2-3-12　在if-else模块里添加条件判断句

（3）设置 SoundTiShi 声音源并播放。

在 HappyButton 章节，已经了解声音的播放必须先设置音乐才能播放；否则程序会报错。在以后使用它时，要仔细留意是否设置。可参考图 2-3-13。

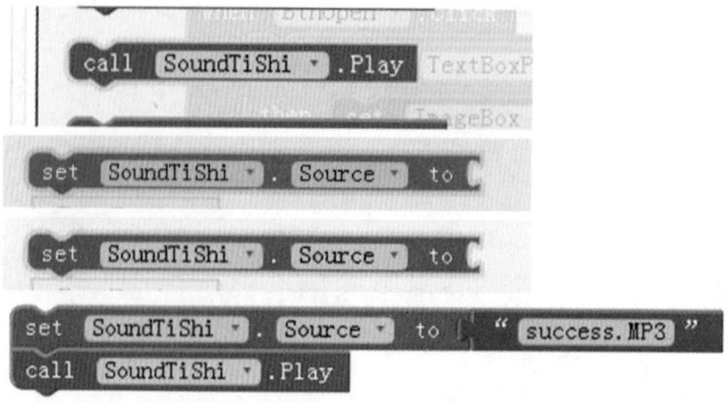

图2-3-13　设置SoudTishi声音源并播放

（4）BtnOpen 的完整代码。

判断是否是预设字符 888，如果是则用于显示宝箱的图片组件到宝箱打开状态，设置 ImageBox 的图片为 bx2.png，并播放打开成功的音乐；否则播放失败错误音乐。图 2-3-14 显示的就是"打开"按钮的模块。

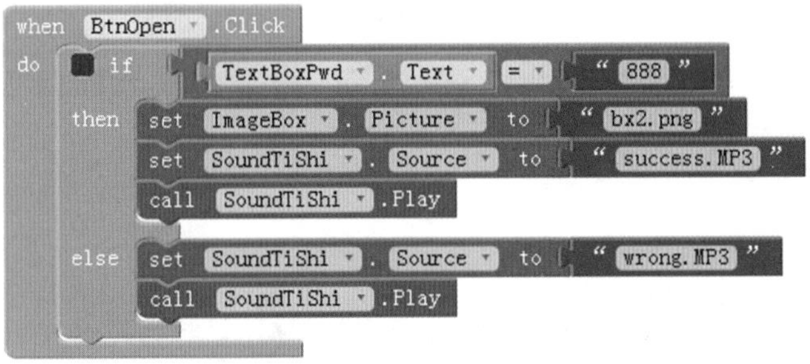

图2-3-14　"打开"按钮的模块

（5）BtnClose 的完整代码。

单击"关闭"按钮后，图片重置为 bx1.png（宝箱关闭状态），图 2-3-15 所示为将 ImageBox 图片组件的 Picture 属性设置成 bx1.png 字符串，上传资源的路径。

图2-3-15　设置Picture属性

宝箱的开启与关闭示意图如图 2-3-16 所示。

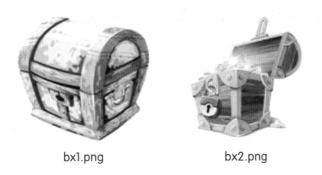

bx1.png　　　　bx2.png

图2-3-16　宝箱的开启与关闭示意图

7．完整模块

项目文件的完整代码如图 2-3-17 所示。

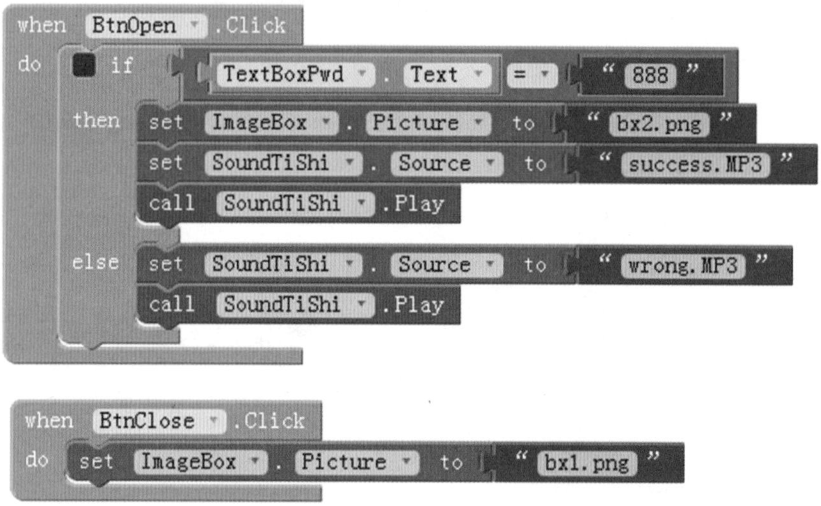

when BtnOpen .Click
do
if TextBoxPwd . Text = "888"
then set ImageBox . Picture to "bx2.png"
set SoundTiShi . Source to "success.MP3"
call SoundTiShi .Play
else set SoundTiShi . Source to "wrong.MP3"
call SoundTiShi .Play
when BtnClose .Click
do set ImageBox . Picture to "bx1.png"

图2-3-17 项目文件的完整代码

8．代码解读

本实例主要涉及了 if-else 模块，当条件成立时，改变图片组件的值为宝箱打开的图片(bx2.png)，设置 Sound 组件的声音为素材中的 success.MP3 ；否则播放声音文件 wrong.MP3。

9．测试

执行 Connect → Emluater 命令，方法与上一节基本一致，此处不再赘述。

使用模拟器对 APP 进行测试，测试界面如图 2-3-18 所示。

Display hidden components in Viewer
9:48
Screen1
宝箱密码
开启
5554:<build>
Screen1
888

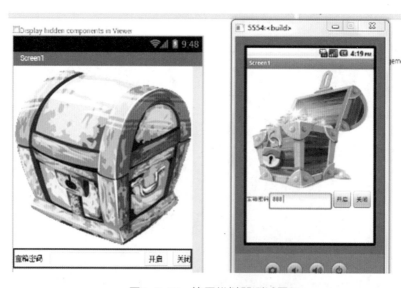

图2-3-18 使用模拟器测试界面

10. 项目的保存和导出

（1）保存项目的方法：执行 Project → Save project 命令。

（2）导出项目的方法：执行 Project → My Projects → Export selected project (.aia) to my computer 命令。

（3）默认下载目录："我的电脑"→"我的文档"→ Download 目录。

11. 思维拓展任务

在测试实例过程中，有细心的同学发现，在打开宝箱之后，如果继续再单击"开始"按钮，依然还是会播放音乐，这个不太符合一般的情况。可以尝试修改和完成以下拓展任务：

（1）在打开宝箱后让"打开"按钮失效；更进一步，增加一个标签，再遇到这种情况提示已经打开。

（2）限制实例的错误打开次数，如错 3 次，就不再允许开启了。

第四节　宝箱大作战2——HappyBox2

1. 本节概要

本节是对前一节的拓展，主要引入 Math 模块中数学函数的调用，本实例主要使用了随机数产生模块，对 Blocks 的各个模块有更详尽的解释，涉及条件控制的嵌套使用。

2. 学习要点

- 项目文件的导入操作；
- 继续熟悉图片组件、声音组件；
- 理解数学随机函数（random 函数），定义自定义变量 key，用于存储宝箱密码；
- 引领学生熟悉随机数产生，匹配随机数的 3 种情况（高、低、相等）。

3. 实例探究——HappyBox2

HappyBox 在原来的基础上进行了拓展，可参考界面图 2-4-1 至图 2-4-3。其主要功能如下：

（1）程序随机产生一个两位数密码。

（2）输入密码后，提示是否正确。

正确时，提示开启成功。不正确时，给出提示信息，显示高了还是低了。

（3）单击"再次"按钮重新产生一个开启密码。

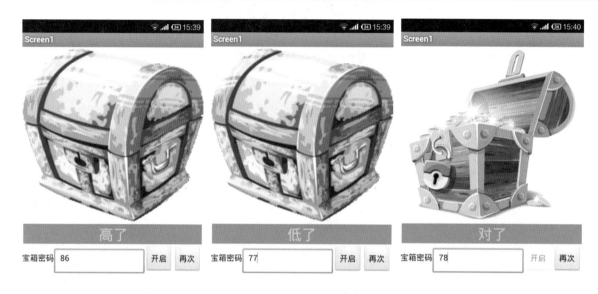

图2-4-1 程序界面1　　图2-4-2 程序界面2　　图2-4-3 成功打开界面

4. 项目导入

在上一节的基础上继续完善HappyBox。首先将项目的导入功能加入可编辑的状态，这个功能特别适合机房用了还原系统，让学生可以回到最近的进度中。有些同学需要在家中继续完善项目也可以通过此类操作来完成延续。

具体方法：执行Projects → Import project(.aia) from my computer →导入 .aia 文件命令。具体可参考图 2-4-4 和图 2-4-5。

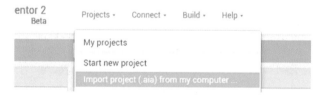

图2-4-4 打开导入菜单

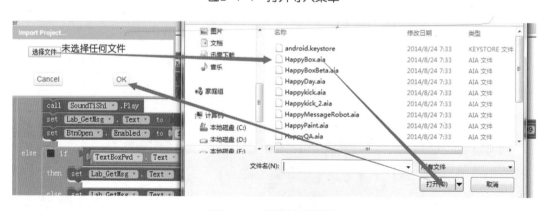

图2-4-5 选择文件导入

✏️ **提示**：以后出现类似项目导入操作，可参考此操作。

5．界面设计与组件构成

在上一节的基础上修改一个按钮，增加一个标签更改相应的名字。基本框架不变，这样也可以使得项目导入的操作显示出效果，如图2-4-6所示。

图2-4-6　最终UI界面

6．组件的拖放和设置

根据图 2-4-7 所示，该组件清单包含 1 个 Image 组件，1 个水平布局控件。水平布局控件清单如下：1 个标签控件，1 个 TextBox 组件，2 个按钮组件，1 个声音组件，新增 1 个标签组件放在 Image 控件下用作提示，界面设计和详细设置如表 2-4-1 所示。

图2-4-7　组件的拖放和设置

表2-4-1 界面设计和详细设置

组件所属列表	组件名	属性名	属性值	说明
User Interface	ImageBox	Picture	bx1.png	默认图片显示为 bx1
		Width	Fill parent	紧挨上层组件
		Height	300 像素	和图片素材有关
Layout	HorizontalArrangement1	Width	Fill parent	紧挨上层组件
User Interface	LabPwd	Text	宝箱密码	标签文本
	TextBoxPwd	Hint	开启密码	Hint 值在输入后就自动替换,不必清除
	BtnOpen	Text	开启	—
	BtnAgain	Text	再次	重新开始
	LabGetMsg	Text	提示信息	提示
		Width	Fill parent	紧挨上层组件
		FontSize	25	字号增到 25
		TextColor	Orange	橙色
Media	SoundTiShi			初始化时默认值

修改部分用灰色底纹标注,所以使用导入项目继续保持上次的进度,可以大大减少工作量。学会合理更改组件名字,保持良好的编程风格,才能达到预期效果。

7. Blocks 编程拼接搭建

上节课时已经学习了 if 模块的拼接,现在要在此基础上对已经实现的代码做一些修改。

从功能上来看,主要目的是实现 HappyBox 的升级版。原来是自己定义的一个数字"888",而现在需要让系统自动产生,这里就涉及一个产生随机数并存放的问题。

1)随机数产生

这里提供一个产生随机数的模块 random 数学函数模块,并把该模块的产生值改成 10 ~ 99(结合题意,随机产生一个两位数),模块参考如图 2-4-8 和图 2-4-9 所示。

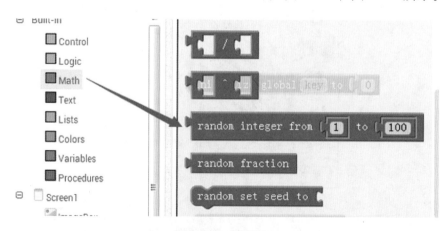

图 2-4-8 原模块

图2-4-9 修改值后的模块

2) 自定义变量模块

从自定义变量模块 Variables 中拖出一个实例模块,把名字改成 key,如图 2-4-10 所示。

图2-4-10 自定义变量模块

详细操作和设置如图 2-4-11 所示。

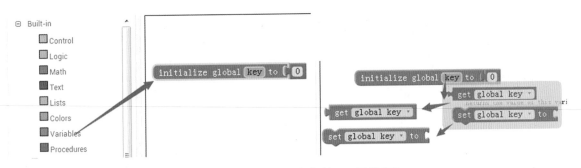

图2-4-11 自定义变量的定义、调用和修改

定义系统产生的随机数为 key,这个 key 就是自定义变量名,下次要用到这个变量,或者设置 key 的值就可以把鼠标移动到 key 模块,会跳出模块进行选择。

而第一次产生的随机数放在了程序屏幕初始化的时候。模块可参考图 2-4-12。

图2-4-12 初始化时产生随机数

✏ 提示:可以把需要设置的操作放置在屏幕初始化模块中,这样当程序加载好时,一些预设也完成了。

(1) 修改 BtnOpen 的 Click 事件。

有以下两处修改。

① 条件判断模块要从原来设置的"888"修改成自定义的变量模块 key。

如果输入的值正好等于 key，那么按照之前的宝箱打开来操作，提示开启成功，图片变成开启状态的图片（bx2.png），参考图 2-4-13。

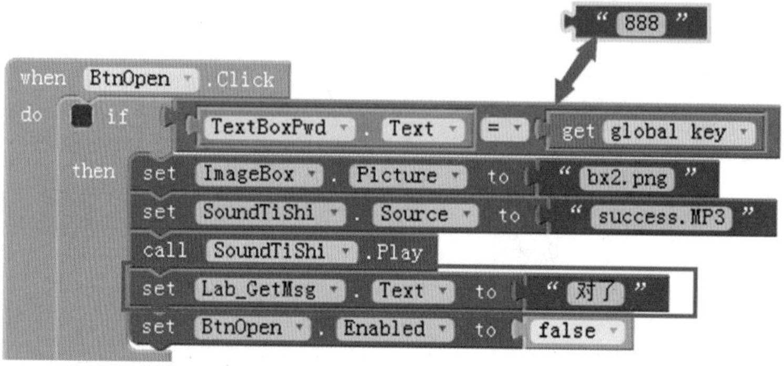

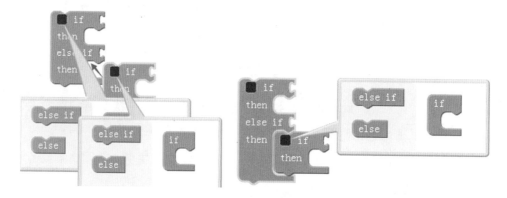

图 2-4-13　修改自定义变量

② 另一个需要修改的地方是条件选择的嵌套使用。

条件嵌套是在条件选择模块中又增加了一层条件选择，也可增加多层选择。图 2-4-14 所示为双层嵌套。

图 2-4-14　双层嵌套

可以发现，每个 if 条件模块参数是不受限制的，可以根据需要建立 if 条件模块的嵌套数。因此再把密码不对的情况下用 if 条件分支来考虑，建立一个判断是否大于随机数的 if 模块。所以变成这样一种嵌套框架，本来存在的一些模块为了让框架更加清楚而暂时挪到一边了，因为还是要继续使用的，故不必删除，参考图 2-4-15。

然后根据前面的所学课程，完善相关的模块，这些现成的模块都有，无须另外重新建立。最终 Open 按钮的 Click 事件的修改模块参见图 2-4-16。

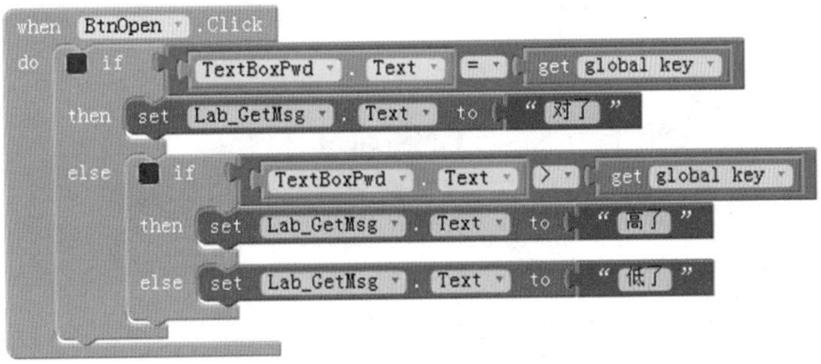

图2-4-15 嵌套框架

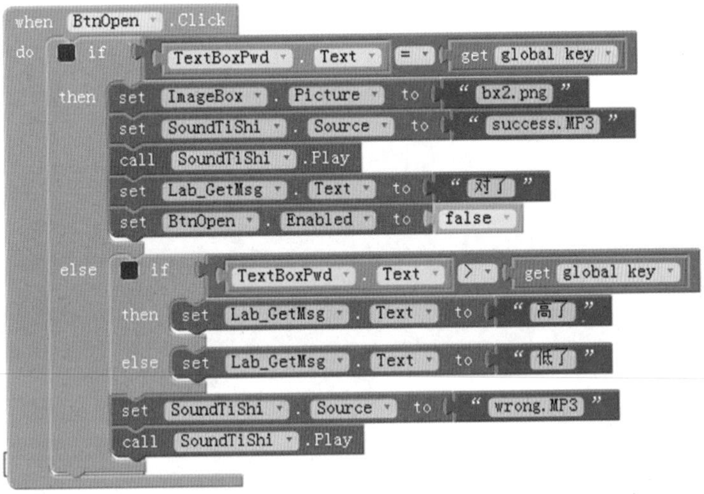

图2-4-16 修改Click事件模块

细心的同学可以发现,正确值条件的模块有一条按钮设置的代码,这就是让按钮失效的代码。模块可参考图 2-4-17。

图2-4-17 使按钮失效

思考：这样做的好处是什么？

答案：成功打开,按钮失效,让宝箱只发出一次提示声不会重复播放。

(2) 修改 BtnAgain 的 Click 事件。

Again 按钮是用来初始化宝箱的状态,所以在这个单击事件中需要完成的具体功能主要包括：①去除提示。②让宝箱恢复关闭的图样。③重新产生另一个随机数。④让"开启"按钮有效。

具体模块搭建可参考图 2-4-18。

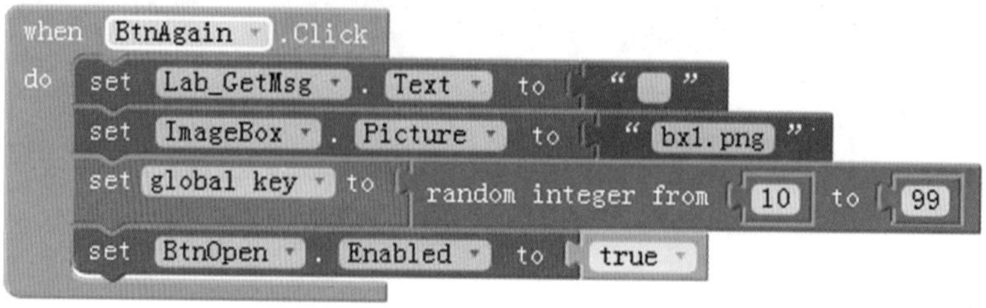

图2-4-18 修改Click事件所搭建的模块

至此，就基本完成了 HappyBox 的升级版。

8. 完整模块

该项目的完整模块可参考图 2-4-19。

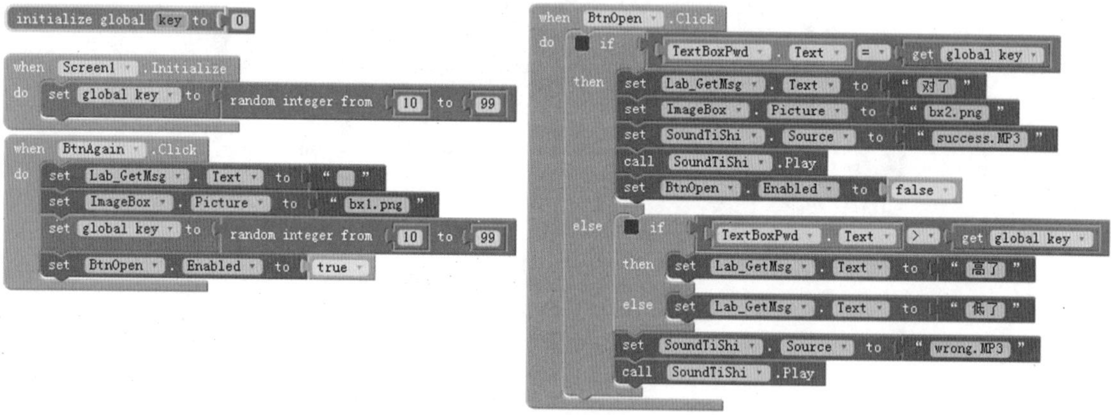

图2-4-19 完整模块

9. 代码解读

本实例主要涉及了 HappyBox2 中用于产生数学随机数模块，if 条件结合具体情况的嵌套使用，也涉及了初始化的一些操作和技巧。

10. 测试

（1）执行 Connect → AI Companion 命令。

可以使用连接同一个网络的手机装载兼容版本的 AI 伴侣，通过扫描二维码的形式测试应用程序，如图 2-4-20 所示。

（2）执行 Connect → Emulater 命令，使用模拟器调试项目，界面如图 2-4-21 所示。

第二章　OneAndOne——组件入门

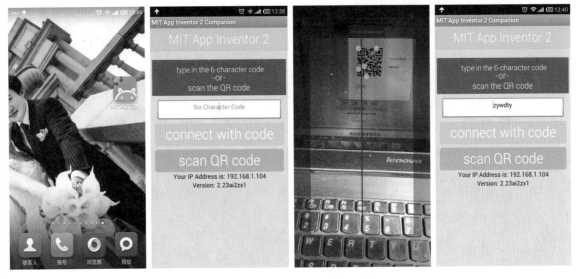

图2-4-20　使用手机AI伴侣调试

图2-4-21　使用模拟器调试项目

11．项目的保存和导出

（1）保存项目的方法：执行 Project → Save project 命令。

（2）导出项目的方法：执行 Project → My Projects → Export selected project (.aia) to my computer 命令。

（3）默认下载目录："我的电脑"→"我的文档"→ Download 目录。

12. 思维拓展任务

解决了重复打开的问题之后，能否用记录的方法，记下自己的成绩，用了几次才打开这个宝箱呢，或者利用数学函数统计一下自己开宝箱的个数和时间比是多少。

第五节　会哭会笑的手机加速度传感器——HappyDay

1. 本节概要

本节将通过 HappyDay 实例继续使用图片组件、资源栏及布局控件。在资源的上传和引用之外，利用手机加速度传感器来切换图片。

2. 学习要点

- 继续熟悉用户组件 Image 和布局控件；
- Media 类、Sound 类的资源上传和使用；
- 手机加速度传感器的引入；
- 自定义参数模块。

3. 真机演示准备

真机演示不可或缺，因为最终的程序要在机器上才能真正得以实现。

但是开启真机模式需要做到以下设置：

（1）开启开发者模式。

（2）关闭非安卓市场程序安装拦截（有些手机操作系统只能测试不能安装非有效签名的 APK）。

（3）安装 MIT AI 伴侣。

另外，在机房用真机演示时，如果直接给学生看手机屏幕，学生是看不到的，所以建议用数据线连接计算机，然后启用各类手机助手中的演示功能，让手机画面在主机上显示，然后通过电子教室屏幕广播或者使用投影仪显示。

> 提示：旧服务器离线版本推荐使用 2.11 和 2.12 AI 伴侣版，经笔者测试这个版本的兼容性比较好。新离线 AI 伴侣的版本是 2.23，广州电教云的版本是 2.27。

App Inventor 对 AI 客户端是有要求的，所以使用手机调试时需要安装**对应的版本**。这样调试就不会出现警告对话框。

4．实例探究——HappyDay

摇晃手机，手机屏幕图片会发生改变，标签显示为"开心"，图像显示为"笑脸"，手机发出笑声；再摇晃一次，图像显示为"哭脸"，标签显示为"不开心"，发出呜咽声，继续摇晃又换成笑脸，发出笑声，重复执行。程序界面如图2-5-1和图2-5-2所示。

图2-5-1　程序初始界面

图2-5-2　摇晃一下的结果

手机视频截图与优酷真机演示视频参见图2-5-3。

图2-5-3　手机视频截图与优酷真机演示视频

视频网址：http://v.youku.com/v_show/id_XNzYxODk4MTMy.html。

下面介绍本节涉及的新组件。

AccelerometerSensor组件：加速度传感器，可以获得手机加速度传感器的一些参数。

Sound组件：用于播放声音支持的格式，包括MP3。

VerticalArrangement布局组件：垂直组件，组件可以从上往下布局，该组件让Image可以居中显示。资源列表如图2-5-4所示。

图2-5-4 资源列表：2张图片、2个MP3文件

5. 界面设计与组件构成

根据图 2-5-5 所示界面，主要考虑标签和按钮的充满屏幕设置，另外需要设置标签的背景色等参数。

图2-5-5 最终UI界面

6. 组件的拖放和设置

💡 提示：虽然加速度传感器和声音组件都显示在下面，但是组件拖曳时依然要拖入屏幕才可以，因为它们都在 Screen 组件里。

如图 2-5-6 所示，项目组件清单包含 1 个 Label 标签，1 个垂直布局组件；垂直布局组件目录下包含 1 个 Image，1 个按钮，1 个声音组件，1 个方向组件，界面设计和详细设置如表 2-5-1 所示。

第二章 OneAndOne——组件入门

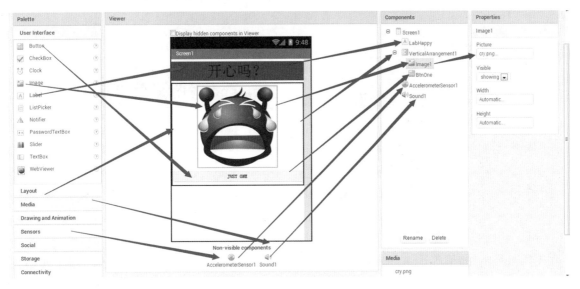

图2-5-6　组件的拖放和设置

拖曳好控件后可以根据表 2-5-1 做一些基本设置。

表2-5-1　界面设计和详细设置

组件所属列表	组件名	属性名	属性值	说　　明
User Interface	LabHappy	BackgroundColor	Blue	蓝色
		Text	开心吗？	初始值
		Width	Fill parent	充满
Layout	VerticalArrangement1	Width	Fill parent	充满 垂直布局组件
User Interface	Image1	Picture	cry.png	初始值是哭脸
	BtnOne	Text	JUST ONE	替代手机摇晃动作的按钮
Media	Sound1	Source	cry.mp3	初始化时默认值
Sensors	AccelerometerSensor1	—	—	默认值

7．Blocks 编程拼接搭建

界面设计完成之后，就要进行模块的编程。但在此之前，要先解决一个问题，即如何让计算机判断当前是哭，摇一摇变笑，再摇又变哭呢？可以用找一个东西记录下当前的状态的方法，而且 App Inventor 的 Blocks 也提供了这一方法。

对，就是开宝箱用过的**自定义变量**。

使用 Built-in → Variables 可以定义变量 happy 初始值为 0,如图 2-5-7 所示。

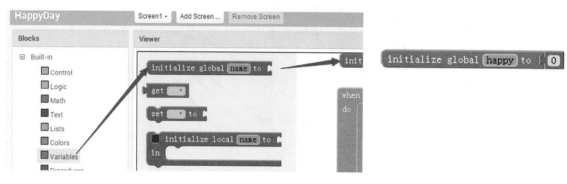

图2-5-7　自定义变量

定义 happy 的值等于 1 时,当前的状态是快乐；反之为 0 时,表示不快乐。程序初始界面是 cry 画面,所以这里 happy 的值为 0。

(1) 手机加速度传感器的模块。

图 2-5-8 是一个手机摇晃感应的方法,有了这个之后就可以展开模块的拼接了。简单的拼接如图 2-5-9 所示。

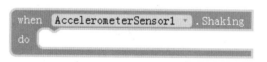

图2-5-8　手机摇晃感应的方法

图2-5-9　简单的拼接

但是这样还不够,当摇一次变成笑脸之后,再摇它不会变成哭脸,所以需要改进代码,在自变量 happy 上做文章。利用 if-else 模块对变量 happy 做出选择判断：

当 happy = 0 时摇一下,切换到开心状态, happy 值变成 1。

当 happy = 1 时摇一下,切换到不开心状态, happy 值变成 0。

具体详细的模块搭建可参考图 2-5-10。

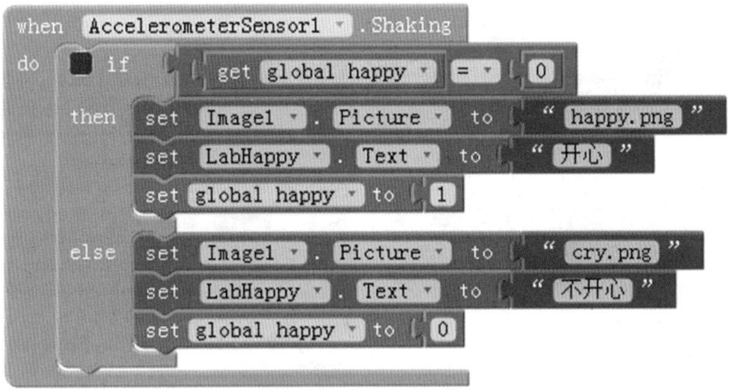

图2-5-10　模块搭建参考

（2）增加音效模块。

不要忘记使用声音前需要先设置声音组件的 Source 值（调用 Play ( ) 方法时，Sound.Source 要有值），如图 2-5-11 所示。

图2-5-11　增加音效模块

思考：仔细想想,这一段应该加在 if-else 的哪边呢？

（3）JUST ONE 按钮事件。

考虑到机房还不足以配置人手一台安卓机,所以在没有真机演示的时候,用按钮代替摇晃手机的动作。在教学时把加在加速度传感器的模块复制一份放在按钮的 Click 事件中。

8．完整模块

完整模块如图 2-5-12 所示,其中加速度传感器的摇晃时间下的模块与按钮是一致的。

9．代码解读

本实例主要涉及了手机加速度传感器模块,讲解传感器模块的基础操作。然后复习了自定义变量的概念,用它来记录心情的好坏。灵活应用自定义变量,可以让你的 APP 出彩不少,同时调用了传感器会让 APP 更有趣味性。

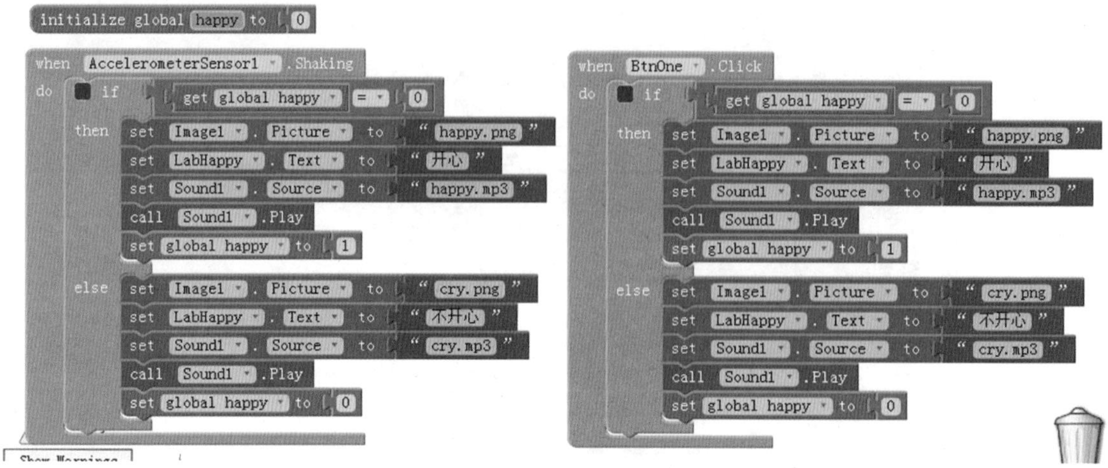

图2-5-12 完整模块

10．测试

因为该项目的测试环境是真机，所以提供视频观看地址http://happyonapp.sinaapp.com/。若上面链接失效可以参看优酷搜索"冰点的马甲"发布的相关视频。

11．项目的保存和导出

（1）保存项目的方法：执行 Project → Save project 命令。

（2）导出项目的方法：执行 Project → My Projects → Export selected project (.aia) to my computer 命令。

（3）默认下载目录："我的电脑"→"我的文档"→ Download 目录。

12．思维拓展任务

（1）完成教师课例，在没有真机的情况下用按钮模拟手机摇晃动作。

（2）手机加速度传感器除了摇晃之外，还能不能有其他的参数可以借用，有条件的人可以回家拿爸爸、妈妈的手机试一试，能不能开发一个属于自己的手机加速度传感器 APP。

本章总结

本章主要围绕按钮、图片、标签3类常用组件对象实现基本小功能，中间穿插声音和其他模块让应用变得更有趣。

第三章 互动小应用

通过前面几个案例的教学应用,大部分同学已经掌握了基本的操作知识,接下来就可以做一点互动性更强的小应用。自动售货机 HappySolt 是一个比较综合型的小程序,主要是对前面知识的巩固。HappyRPS 是传统的石头、剪刀、布游戏,其中涉及了多个屏幕的切换使用。HappyKick 也是比较经典的打鼹鼠游戏,结合了 Canvas 的特性做了一些有针对性的简化。HappyJumping 是一个利用数学函数有规律地动态改变坐标的小程序。HappyRunning 则是涉及了更多个图片精灵互动的小程序。这几个程序都可以针对同学们的学习程度,有选择地学习。

第一节 自动售货机——HappySolt

1. 本节概要

本节将通过 HappySolt 引入一个投币与购买的互动情节。利用已经掌握的知识,对前期知识进行一个综合整理,在这个实例中使用到了常用的按钮组件、标签组件、图片组件、资源栏、布局控件,并用到了数据的数学计算用于结果反馈。

2. 学习要点

- 熟悉各类用户组件,按钮、标签、图片和综合运用;
- 表格布局控件的使用(垂直和水平都可以布局的组件);
- 掌握组件结合数学公式的一些处理。

3. 实例探究——HappySolt

单击"投币"按钮后,当前金额就会增加;单击饮料下方的 get 按钮后,在金额足够的情况下,提示购买成功;否则提示余额不足。其界面如图 3-1-1 至图 3-1-3 所示。

至此已经学习了不少布局的组件,图 3-1-4 就是更适合该实例的表格布局。

TableArrangement 组件:表格布局组件,可以支持水平和垂直多个组件布局。

图3-1-1　程序初始界面　　　图3-1-2　购买成功　　　图3-1-3　购买不成功

如图3-1-4所示,在该参数设置下,可在水平和垂直方向布置3个组件。

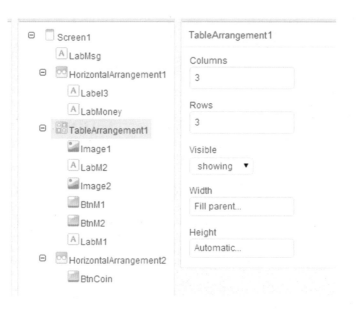

图3-1-4　某表格布局

根据项目所需资源,上传相应的资料,相应的图片如图3-1-5所示。

图3-1-5　资源列表中的3张图片

4. 界面设计与组件构成

如图3-1-6所示，在界面设计中，需要注意图片放置时设置图片组件的宽高比，防止图片失真。

图3-1-6　最终UI界面

该APP涉及的组件大多比较常规，但是因为有表格布局控件，使得界面布局更加工整有序，这是运用了表格布局控件的一个优势。但是要调整好表格布局的各个控件，因为表格布局控件以该列最宽的一个控件为该列宽度，且不存在合并表格单元格这样的操作，要善于利用表格布局控件的特点进行布局。

5. 组件的拖放和设置

组件的拖放和设置如图3-1-7所示。在设置参数时，尽量保持图片原有的宽高比，有助于界面美观。拖曳好控件后可以根据表3-1-1所示做一些基本设置。

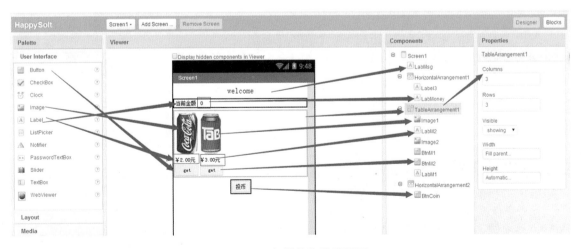

图3-1-7　组件的拖放和设置

表3-1-1　界面设计和详细设置

组件所属列表	组件名	属性名	属性值	说明
User Interface	LabMsg	Text	Welcome	初始值
Layout	HorizontalArrangement1	Width	Fill parent	充满
User Interface	Label3	Text	当前金额	
	LabMoney	Text	0	数值为0
Layout	TableArrangement1	Columns	3	水平可和垂直放置3个组件
		Rows	3	
User Interface	Image1	Picture	kele.jpg	
		Width	55	
		Height	100	
	Image2	Picture	tab.jpg	
		Width	55	
		Height	100	
	LabM1	Text	￥2.00元	价格值
	LabM2	Text	￥3.00元	
	BtnM1	Text	Get	
	BtnM2	Text	Get	
Layout	HorizontalArrangement2	AlignHorizontal	Center	居中对齐
User Interface	BtnCoin	Text	投币	

6. Blocks 编程拼接搭建

界面的搭建相对于以前的几个实例稍显复杂。理清楚界面和布局之后,接下来这个自助售货机的流程还是比较容易的,如图 3-1-8 所示。

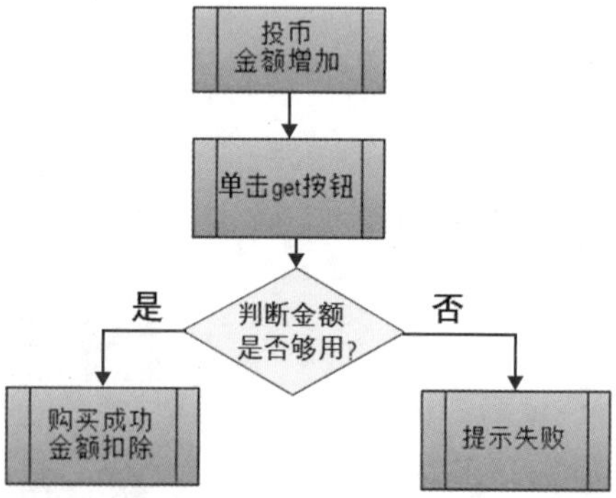

投币金额增加,单击 get 按钮时,触发条件判断当前金额是否够用,分别提示购买成功还是失败。

> 提示:使用条件选择模块,涉及 3 个按钮的模块,流程很清楚。

图3-1-8　自动售货机流程

(1) "投币"按钮。

单击"投币"按钮,显示金钱的标签值增加。模块显示如 3-1-9 所示。

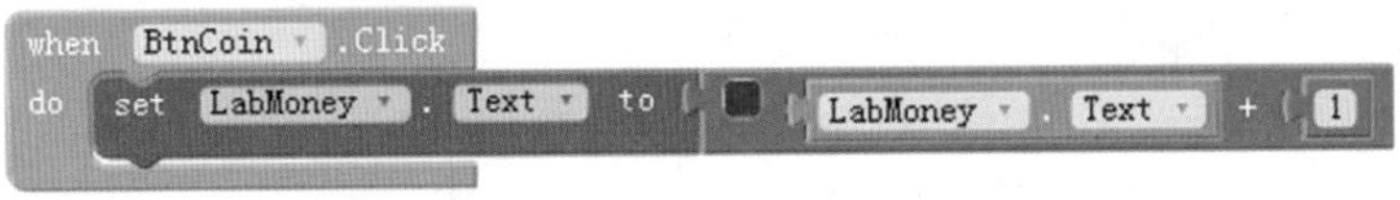
when BtnCoin .Click
do set LabMoney . Text to LabMoney . Text + 1

图3-1-9　“投币”按钮模块

(2) BtnM1 按钮 Click 事件。

购买第一种饮料，当金额够用时，减去相应金额，提示购买成功；否则显示余额不足。模块搭建如图 3-1-10 所示。

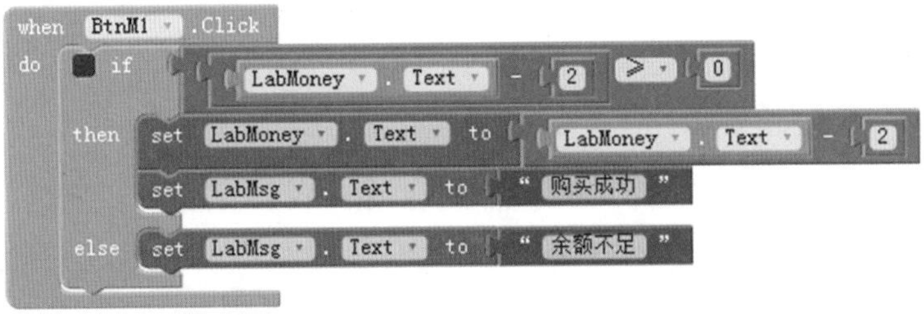
when BtnM1 .Click
do if LabMoney . Text - 2 > 0
then set LabMoney . Text to LabMoney . Text - 2
set LabMsg . Text to “ 购买成功 ”
else set LabMsg . Text to “ 余额不足 ”

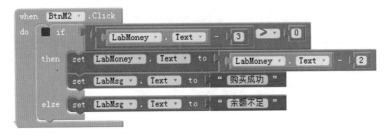

图3-1-10　BtnM1按钮Click事件

(3) BtnM2 按钮 Click 事件。

购买第二种饮料，与第一种饮料不同的是单价设置，所以可以使用模块复制，但是要注意一些细节，从图 3-1-11 中可以发现有个模块需要修正，观察一下到底是哪个模块出现了错误？

when BtnM2 .Click
do if LabMoney . Text - 3 > 0
then set LabMoney . Text to LabMoney . Text - 2
set LabMsg . Text to “ 购买成功 ”
else set LabMsg . Text to “ 余额不足 ”

图3-1-11　有错误的模块代码

第二种单价为 3，所以判断购买成功时应该减去 3，造成以上错误的原因，很有可能是用了模块复制操作而没有修改正确造成的。

修改后的正确模块图如图 3-1-12 所示。

从以上模块可以看出，此程序运行没有问题，但是如果哪种饮料的价格发生了变化，需要在众多的模块中把相关的模块找出来，这样维护代码的工作量就增加了。如何改变呢？联想一下之前所学的自定义变量，那么是不是也可以通过这样的方式来改进代码呢？

图3-1-12 修改后的模块代码

可以增加自定义变量 M1P 与 M2P，分别设置成相应的价格。

（4）BtnM1 按钮与 BtnM2 按钮。

观察图 3-1-13 可知，利用了自定义变量后，自动售货机变得更加智能，修改价格时只需修改自定义商品的变量值即可。

图3-1-13 BtnM1按钮与BtnM2按钮代码

7. 代码解读

本实例主要涉及了 if-else 模块，难度不大，而且之前都已经用得比较熟练了，本程序主要是界面布局上的拓展。

8. 测试

使用模拟器对 APP 进行测试，测试界面如图 3-1-14 所示。

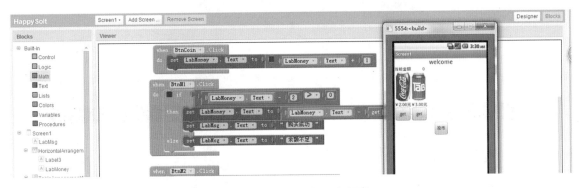

图3-1-14　使用模拟器测试界面

9．项目的保存和导出

（1）保存项目的方法：执行 Project → Save project 命令。

（2）导出项目的方法：执行 Project → My Projects → Export selected project (.aia) to my computer 命令。

（3）默认下载目录："我的电脑" → "我的文档" → Download 目录。

10．思维拓展任务

在测试实例时，直接用标签组件来显示，能不能实现用变量来显示呢？再结合前面所讲的知识，如何把音乐效果也加入进来，同学们可以在完成这个实例的基础上自我研究和改善。

第二节　石头、剪刀、布——HappyRPS

1．本节概要

本节将通过石头、剪刀、布——HappyRPS 的课例，引导学生完成图片按钮的综合使用。复习数学模块的随机数产生，学习创建带参数的自定义方法。本实例还涉及了多个屏幕的跳转，让学生初步体验多屏应用。通过学习本节内容来增强人机互动性，另外也对模块化编程中模块优化提供了一些探讨的思维方法。

2．学习要点

- 掌握多屏应用；
- 掌握图片按钮的基本设置；
- 带参数的方法模块定义；
- 同一功能的模块优化。

3. 实例探究——HappyRPS

这是一个很经典的游戏,把它以应用的形式显现,单击石头、剪刀、布的各个按钮会显示你赢了还是输了,实现了第二屏幕的切换。主屏幕视图 Screen2 如图 3-2-1 和图 3-2-2 所示。

图3-2-1　程序界面1

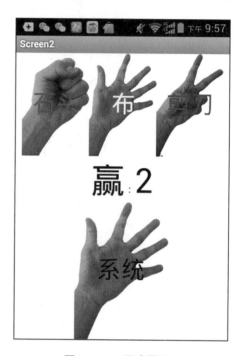

图3-2-2　程序界面2

4. 认识新模块

1) 多屏互动

通过一个简单的实例来实现多屏跳转,这个应用有两个屏(Screen1 和 Screen2),通过代码控制进行跳转,参考图 3-2-3。

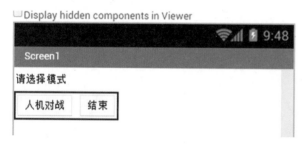

图3-2-3　两个界面跳转

2) 自定义方法模块

下面来简单学习一个新概念,如图 3-2-4 所示。

第三章 互动小应用

■ Procedures → 自定义方法的模块

图3-2-4　Procedures模块

自定义方法可选带参数（多个参数）和不带参数两种不同的使用方法，自定义带参数，主要用于传递按的是哪个手势的值（不同的值代表不同的手势），参考图3-2-5。

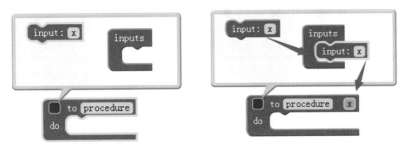

图3-2-5　参数设置

5. 算法模块设计

放置3个按钮，并分别设置成石头、布、剪刀的图片，当3个按钮被单击时触发自定义方法Roll（系统随机产生一种手势），参考表3-2-1。

表3-2-1　设计值

值	对应的手势
1	石头
2	布
3	剪刀

💡思考：1、2、3值的分配是否有一定规律呢？该问题在模块优化中将会涉及。

6. 界面设计与组件构成

在图3-2-6中，Screen1屏幕主要放置两个按钮，用于跳转到Screen2。

图3-2-6　Screen1界面

在图 3-2-7 中,需要注意 3 个按钮的大小,尽量和素材的比例相近。

图3-2-7　最终UI界面

7. 组件的拖放和设置

组件的拖放和设置如图 3-2-8 所示。

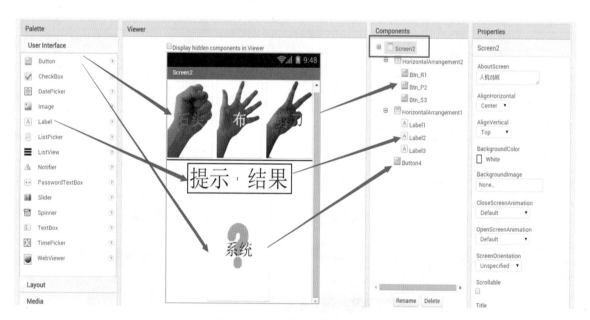

图3-2-8　组件的拖放和设置

Screen1 屏幕组件清单相对比较简单,如表 3-2-2 所示。

Screen2 组件清单的界面设计和详细设置如表 3-2-3 所示。

第三章 互动小应用

表3-2-2 Screen1项目组件设计和设置

组件所属列表	组件名	属性名	属性值	说 明
User Interface	Label1	Text	请选择模式	—
	HorizontalArrangement1	—	—	水平布局控件
	Button1	Text	人机对战	—
	Button2	Text	退出	—

表3-2-3 Screen2项目组件设计和设置

组件所属列表	组件名	属性名	属性值	说 明
User Interface	HorizontalArrangement2	—	—	水平布局控件
	Btn_R1	Text	石头	石头背景图片
	Btn_P2	Text	布	布背景图片
	Btn_S3	Text	剪刀	剪刀背景图片
	HorizontalArrangement1	—	—	水平布局控件
	Label1	Text	提示	用于显示
	Label2	Text	:	—
	Label3	Text	结果	显示机器出值
	Btn_xt	—	?	问号背景图片

8. Blocks 编程拼接搭建

(1) 实现屏幕 Screen1 到 Screen2 的切换与退出按钮功能。

屏幕切换涉及打开另一个屏幕的命令,如图 3-2-9 所示。

图3-2-9 打开另一个屏幕

可以实现打开屏幕 Screen2 的模块,注意 Screen2 需要自己输入,不能有错。应该与所要打开的屏幕名称保持一致。

Btn_Quit 按钮实现结束整个应用的模块代码,如图 3-2-10 所示。

从图 3-2-10 可以发现 APP 一个比较人性化的方面,可以通过模块的颜色来区别需要从哪个区域取,控制模块的颜色是土黄色。

🛈 **小知识**:结束程序的模块是从 Control 模块中拖出来的。所以 Control 模块不单是控制某个流程的逻辑,也是对整个手机 APP 的管理控制。

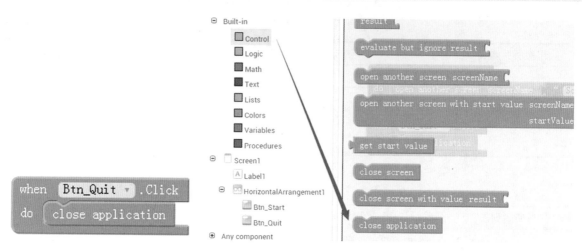

图3-2-10　Btn_Quit按钮实现代码

(2) 屏幕2 (Screen2) 的相关操作。

本节的基本策略是用数学方法产生随机数代表不同的手势 (1: 石头; 2: 布; 3: 剪刀),函数名是 Roll (自定义),出的手势就用刚才定义的数字传参数给它即可。

这样做的好处是单击按钮后代码可以很简洁,如图 3-2-11 和图 3-2-12 所示。

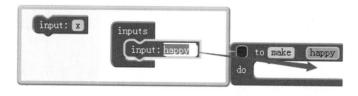

图3-2-11　屏幕2的操作1

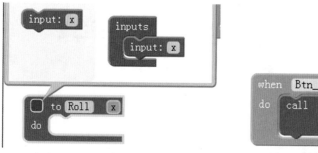

（a）创建带参数的自定义过程　　　（b）模块中出现的带参数调用

图3-2-12　屏幕2的操作2

使用 Roll 带参数的形式建立自定义函数,单击哪个按钮,就传哪个参数给自定义方法模块。而在这个方法模块中再来判断结果,如图 3-2-13 所示。

图3-2-13　在方法模块中判断结果

如前文所建立的数学模型,用 1、2、3 不同的数值代表不同的手势。需要在使用数学随机函数产生之前,定义一个变量模块来存放这个随机数,也方便取用,如图 3-2-14 所示。

图3-2-14　定义变量用于存放随机数

根据系统产生的值显示相应的图片,模块可参考图 3-2-15。

💡 **小知识**：系统按钮本身不需要单击事件,这个实例中只是把它作为显示图片的载体而已,也可以换成 Image 控件类型。

图3-2-15　根据系统产生值显示相应图片模块

这里涉及了一个字符串拼接函数 join,最终结果是自变量 xt 结合固定字符串,最终的字符串变成与图片路径相对应的,表 3-2-4 对应于 3 个字符串。

表3-2-4　3个字符串结果

1t.png	2t.png	3t.png

所以整理后的框架如图 3-2-16 所示。

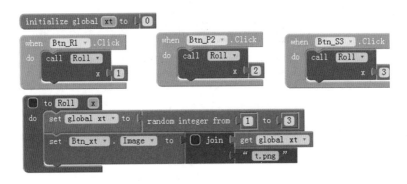

图3-2-16　整理后的框架

(3) Roll 方法下的判断输赢。

根据用户 x 值和 xt 系统的值来判断输赢,大家可以对照表 3-2-5 所示。

表3-2-5 判断输赢对照表

用户 \ 系统	1—石头	2—布	3—剪刀
1—石头	平	输	赢
2—布	赢	平	输
3—剪刀	输	赢	平

而我们的基本思路也可以是这样通过条件选择的模块来判断,如图 3-2-17 所示。

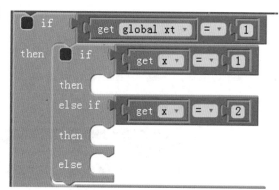

图3-2-17 使用多层条件进行搭建组合成各种情况

根据不同的情况,让提示的 Label1 属性进行改变,如图 3-2-18 所示。

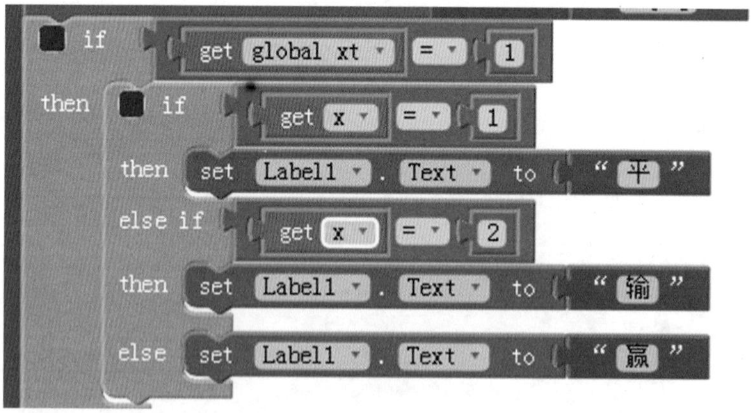

图3-2-18 改变Label1属性

同理,可以补充完整其他模块,如图 3-2-19 所示。

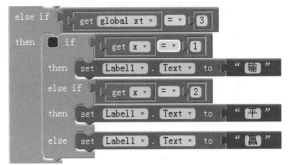

（a）系统随机数值为2（系统出布）　　（b）系统随机数值为3（系统出石头）

图3-2-19　补充完整的模块

9. 完整模块

完整模块可参考图3-2-20。

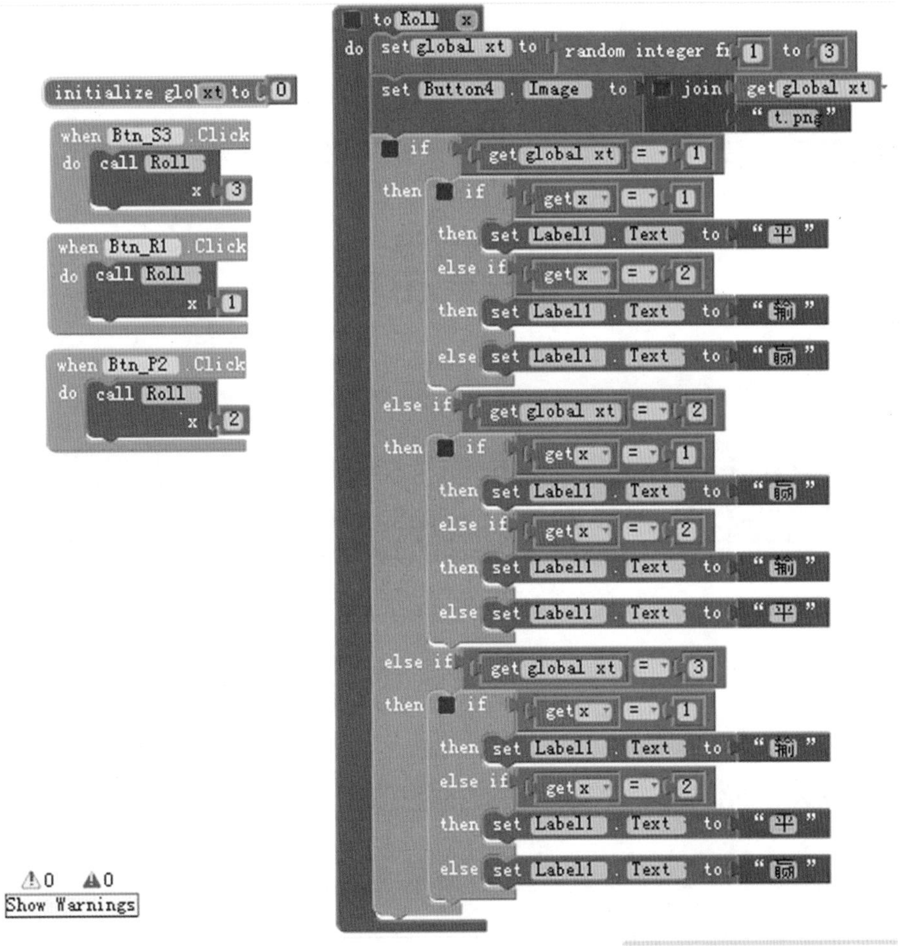

图3-2-20　完整模块

10. 代码解读

定义了一个带参数的自定义方法,用传值的形式表示用户单击了什么按钮。利用随机数产生一个数,通过两个值的不同情况的条件,判断用户的输赢,同时修改标签的显示形式。

接下来,有关代码的优化再进一步作些深层的思考。看了刚才长长的一串条件模块的嵌套,想到了能不能做一些优化呢,这次可以在值的方面做一些尝试,见表3-2-6与表3-2-7。

表3-2-6 设置值

手势	石头	布	剪刀
值	1	2	3

表3-2-7 值的含义

算式	值	结果
xt − x	0	平
	1 或者 −2	输
	2 或者 −1	赢

所以也可以通过 xt − x 的值来判断输赢。

那么 1 或者 −2 可以从数学(Math 模块)取余模块转换成一个值或者也可以使两个条件并列,模块搭建如图 3-2-21 所示。

$$(-2+3) \mod 3 = 1$$
$$(1+3) \mod 3 = 1$$

图3-2-21 模块搭建

通过这样的思路可以把 Roll 方法模块修改并优化,如图 3-2-22 所示。

11. 测试

使用模拟器对 APP 进行测试,测试界面如图 3-2-23 所示。

> 提示:可以根据需要让标签显示不同的值用于更好的调试。

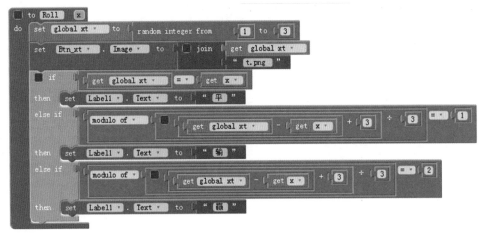

图3-2-22 优化后的模块

图3-2-23 使用模拟器测试界面

12. 项目的保存和导出

（1）保存项目的方法：执行 Project → Save project 命令。

（2）导出项目的方法：执行 Project → My Projects → Export selected project (.aia) to my computer 命令。

（3）默认下载目录："我的电脑" → "我的文档" → Download 目录。

13. 思维拓展任务

（1）完善实例，美化界面。

（2）可以考虑加入中文的结果提示声。

（3）本实例实现了简单的人机对战，能否在此基础上加入输赢统计？

第三节　快乐打鼹鼠——HappyKick

1. 本节概要

本节将通过 HappyKick 的课例,介绍新组件 Canvas、ImageSprint,在后续环节中添加计时器组件。围绕 Canvas 的单击事件,配合一些常用控件,达到打鼹鼠的游戏效果。为了让游戏更有趣和增添耐玩性,增加了生命值与"血条"等设计。通过学习本节,让学生明白做一个安卓小游戏也是一件很简单的事。

2. 学习要点

- 熟悉 Canvas、ImageSprint 组件;
- 熟悉计时器组件;
- 设置自变量来显示"血条"。

3. 认识新组件

所需的新组件见表3-3-1,Image 组件与 ImageSprint 组件的异同点见表3-3-2。

表3-3-1　新组件的名称及用途

类　型	名　称	用　途
Canvas 组件	画布	用于打鼹鼠的背景
ImageSprint 组件	图片精灵	装载鼹鼠图片
Clock 组件	计时器组件	定时事件

表3-3-2　Image组件与ImageSprint组件的异同点

类　型	ImageSprint 组件	Image 组件
相同点	都是放置图片的组件,用于显示图片	
不同点	是 Canvas 的内部组件,要依赖于 Canvas 存在,不能单独存在	一般的图片组件,独立使用,没有单击事件

4. 实例探究——HappyKick

HappyKick 主要实现击打随机出现的鼹鼠,并给出相应的界面,如图 3-3-1 与图 3-3-2 所示。

第三章 互动小应用

图3-3-1 程序界面1　　　　　图3-3-2 程序界面2

5. 界面设计与组件构成

在界面设计中，主要调整图片精灵的宽高比，使之大小合适，利用布局控件按功能和显示的不同进行布局，如图 3-3-3 所示。

图3-3-3 最终UI界面

6. 组件的拖放和设置

如图 3-3-4 所示，界面主要涉及的是第一次用的 Canvas 组件、ImageSprint 组件、Clock 组件，其拖放和设置见图 3-3-4。

组件清单：2 个 Canvas，1 个图片精灵，2 个水平布局组件。垂直布局组件目录包含 1 个 Image，1 个按钮，1 个声音组件，界面设计和详细设置如表 3-3-3 所示。

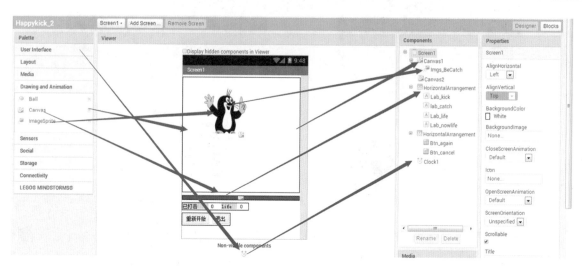

图3-3-4 组件的拖放和设置

表3-3-3 界面设计和详细设置

组件所属列表	组件名	属性名	属性值	说明
Drawing and Animation	Canvas1	Height	300	背景
	Imgs_BeCatch	Picture	1.png	显示鼹鼠
	Canvas2	Height	10	显示"血条"
Layout	HorizontalArrangement2	—	—	水平布局控件
User Interface	Lab_kick	Text	已击打	—
	Lab_catch	Text	0	—
	Lab_life	Text	life	—
	Lab_nowlife	Text	0	—
Layout	HorizontalArrangement1	—	—	水平布局控件
User Interface	Btn_again	Text	重新开始	—
	Btn_cancel	Text	退出	—
	Clock1	TimerInterval	1000	1s执行一次

7. Blocks编程拼接搭建

要实现课例的需求,则需要用Blocks编程实现最基本的两个问题:①鼹鼠随机出现的条件设置;②被打鼹鼠的生命值设置。

(1) 鼹鼠的单击事件。

学生首先会想到的是Imgs_BeCatch(鼹鼠图片)的单击事件,这样想是情有可原的,但是再仔细思考一下,Imgs_BeCatch的Click事件能够表示被抓到,那么没有被抓到的情况呢?

所以综合考虑之后，还是要从 Canvas 的 touched 事件入手，在单击时是不是碰到了 Imgs_BeCatch（鼹鼠图片），这是一种不一样的思维角度。建立在 Canvas 事件上的单击事件，通过是否触摸到图片精灵作为判断条件，如图 3-3-5 所示。

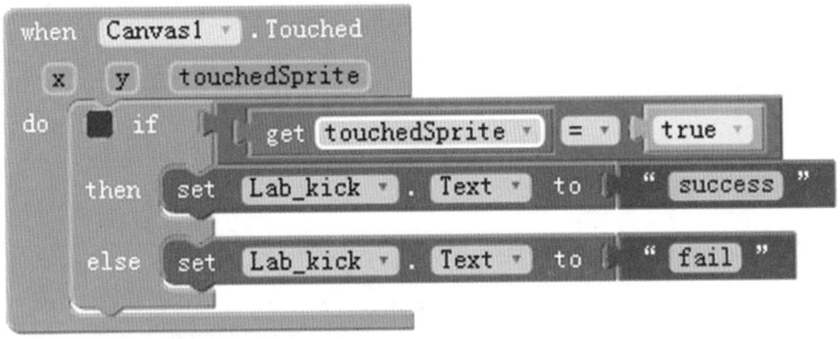

图3-3-5　将是否触摸到图片精灵作为判断条件

(2) 鼹鼠的移动事件。

疑问：怎样移动？

关于改变在 APP 中组件的位置，之前一直没有尝试过。而作为动画主角的图片精灵，小鼹鼠也应该是变换位置，这里会用到数学的随机函数（在游戏类里，随机数可以产生变化，增加趣味性）。所以通过随机数，让鼹鼠改变位置，这是课例的一个基本解决方案。

提问：观察图 3-3-6，为了让鼹鼠能够完整地出现在屏幕里，随机产生的位置需要什么样的设置？

解答：数学的随机函数 random（n，m）作用是在 n~m 产生一个随机整数。

图3-3-6　鼹鼠在屏幕上的位置

随机数最大宽度 = 画布宽（W_1）－图片精灵的宽（W_2）

同理得到最大高度。

随机数最大高度 = 画布高（H_1）－图片精灵的高（H_2）

所以宽度坐标随机数的范围是 [1，$W_2 - W_1$]，高度坐标随机数的范围是 [1，$H_1 - H_2$]。所以图片精灵的 MoveTo 模块如图 3-3-7 所示。

这样打鼹鼠的基本思路就有了，现在只要把它加入计时器组件，让它定时变换位置就可以了。计时器组件的设置和随机移动模块如图 3-3-8 所示。

图3-3-7 对应的代码块

图3-3-8 计时器组件事件(Clock)

(3)"血条"与生命值的制作。

使用自定义变量 life 和 nowlife 分别定义为最大生命值与当前生命值,初始值为5。

再拖入一个 Canvas 组件放在 Canvas1 的下方,高度设置为10,背景设置为红色,利用其 Width 的属性改变大小。

💭 思考:生命值的计算公式怎样设计才合适?

　　画布(Canvas)的宽 = 屏幕的宽 × (当前生命 nowlife ÷ 最大值 life)

根据以上公式,设置相应的模块,如图3-3-9所示。

图3-3-9 设置相应的模块

根据相应的预设,拼接得到了 Canvas1 的 touched 完整事件模块。判断是否接触到图片精灵(touchedSprite 的参数与 true 和 false 两种),分别对应不同的情况。完整的单击事件模块如图3-3-10所示。

(4)"重新开始"按钮。

单击"重新开始"按钮时,需要重新设置"血量"与"血条"、计数初值为0,显示当前的生命值具体的模块搭建如图3-3-11所示。

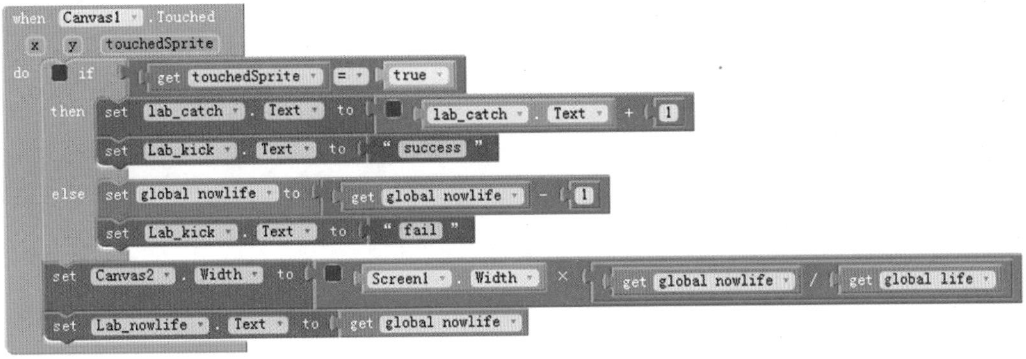

图3-3-10 完整的单击事件模块

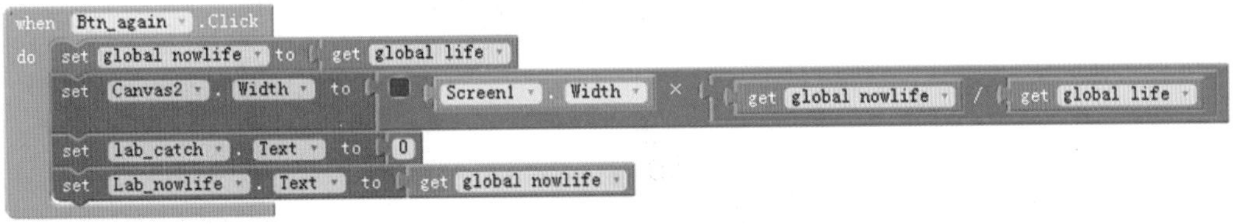

图3-3-11 显示当前的生命值的模块

8. 完整模块

HappyKick 的完整模块如图 3-3-12 所示。

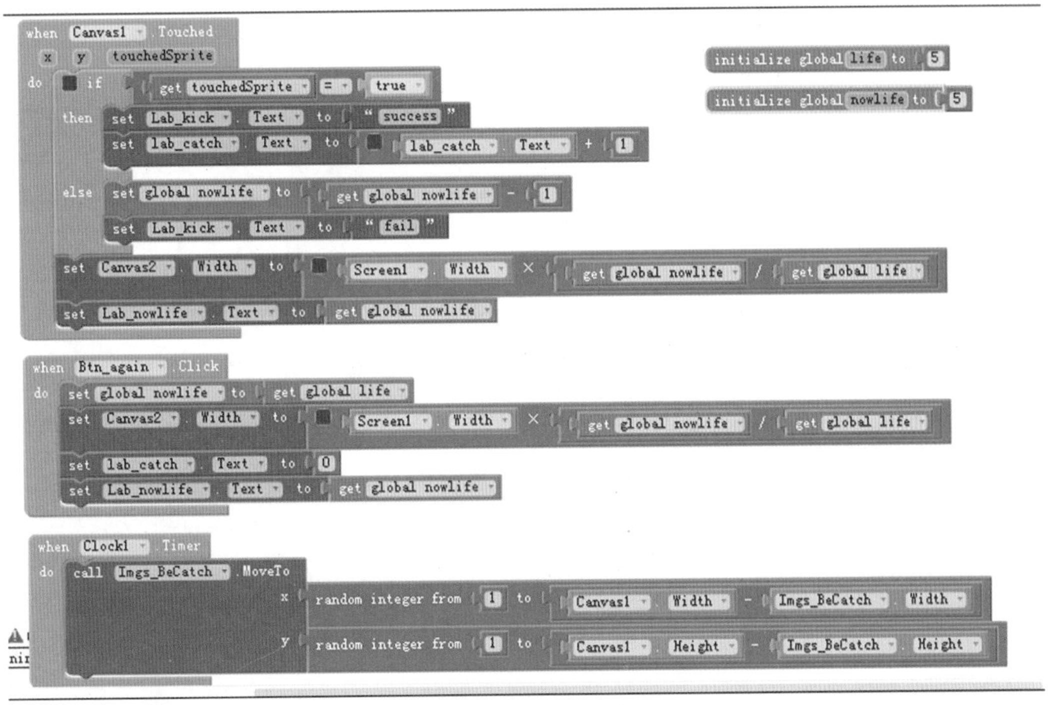

图3-3-12 完整模块

9. 代码解读

本实例主要涉及了简单数学公式,用到了数学的随机函数 random( ),针对图片精灵的移动,主要用到了 MoveTo 模块。

10. 测试

使用模拟器对 APP 进行测试,测试界面如图 3-3-13 所示。

图3-3-13　使用模拟器测试界面

11. 项目的保存和导出

（1）保存项目的方法：执行 Project → Save project 命令。

（2）导出项目的方法：执行 Project → My Projects → Export selected project (.aia) to my computer 命令。

（3）默认下载目录："我的电脑" → "我的文档" → Download 目录。

12. 思维拓展任务

本实例只是实现了游戏的基本功能,为了让游戏更好玩,可以对此进行加强,完成以下任务：

（1）完善课例,美化界面,加入击打音效 kick.mp3。

（2）能不能在单击到鼹鼠的时候出现一个不同画面的击打效果？

第四节 跳跃男孩——HappyJumping

1. 本节概要

本节主要借助了计时器和数学公式中三角函数公式让图片精灵产生跳跃的效果,核心内容为构造一个图片精灵的跳跃过程。本节也会涉及空中接触其他控件的事件触发。

2. 学习要点

- 继续熟悉画布和图片精灵组件、声音组件;
- 掌握利用三角函数换算改变图片精灵位置;
- 学习图片精灵的碰撞检测。

3. 实例探究——HappyJumping

HappyJumping 的程序界面见图 3-4-1 至图 3-4-3,基本流程和演示如下:

（1）程序随机产生一个礼物。

（2）单击 Canvas 时,根据单击的位置改变 boy 的位置。

（3）单击 JUMP 按钮,boy 会有一个起跳和落下的过程。

（4）如果碰到礼物就让提示信息修改成碰到礼物,礼物会换下一个地方随机显示。

（5）标签表示 boy 不同的状态。

图3-4-1 程序界面1　　　图3-4-2 程序界面2　　　图3-4-3 程序界面3

思考：怎样让跳跃效果更逼真？

怎样让跳跃看上去更像跳跃，如果只是简单的匀速改变坐标，这样的动画效果是比较粗糙的。所以制作游戏的时候，为了让游戏更逼真，往往是需要建立一个比较直观的数学运动模型系统，而很多的游戏引擎也有类似这样的模型系统。往往需要借助一些运动变化曲线，本实例运用三角函数可以让跳跃效果更加逼真，可以借由这样的值的变化方法，来实现跳跃的运动变化曲线。

4. 界面设计与组件构成

如图 3-4-4 所示，需要在设计中注意图片精灵礼物和人物的比例与大小、按钮的满屏设置以及上传音乐素材配合声音组件的使用。

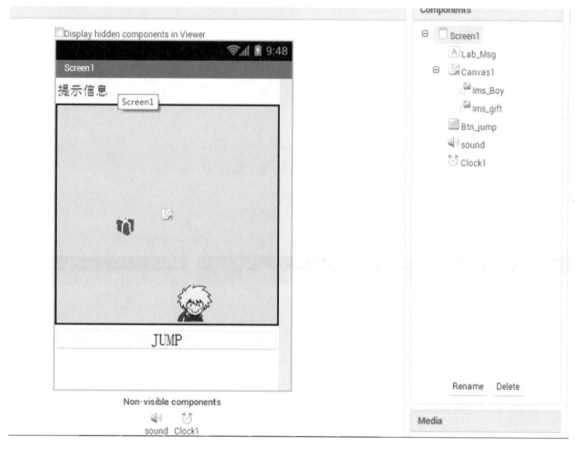

图3-4-4 最终UI界面

5. 组件的拖放和设置

根据图 3-4-5 对组件进行拖放，界面设计和详细设置如表 3-4-1 所示。

第三章 互动小应用

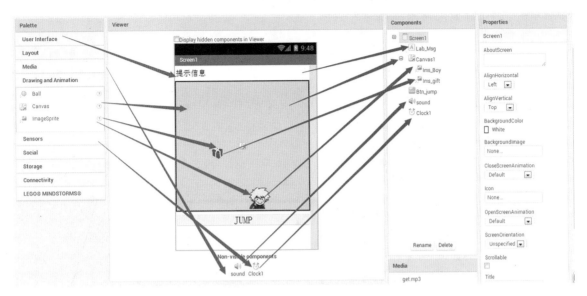

图3-4-5 组件的拖放和设置

表3-4-1 界面设计和详细设置

组件所属列表	组件名	属性名	属性值	说明
User Interface	Lab_Msg	Text	提示	提示信息
Drawing and Animation	Canvas1	BackgroundColor	Light cray	浅灰色
		Width	Fill parent	紧挨上层（与屏同宽）
	Ims_Boy	Picture	jumpboy.png	男孩图片
	Ims_gift	Picture	gift.png	礼物图片
User Interface	Btn_jump	Text	JUMP	跳跃按钮
		Width	Fill parent	紧挨上层（与屏同宽）
Media	sound	—	—	用于播放音效
User Interface	Clock1	TimerInterval	80	产生动画效果的计时

在界面设计与搭建中，需要对素材资源进行上传，然后利用所引用的组件做一些设置。上传资源可参考图3-4-6。

涉及App资源的相关说明：① get.mp3 是得到礼物音效（拓展）。② jump.mp3 是男孩跳跃时发出的声音。③ jumpboy.png 是跳跃男孩的图片。④ lw.png 是男孩跳跃的目标。

图3-4-6 上传资源

6. Blocks 编程拼接搭建

1）跳高的数学函数分析

避开自身收缩的动作，从简化的角度入手，可以分析跳高的过程主要包括了原地起跳、达到最高点、从最高点落至地面3个过程,那么从离地高度的距离看,是一个从0变到最高值,又从最高值变到0的过程。切换到手机屏幕(手机屏幕是以左上角为坐标轴原点,向右、向下增长)上 y 值的变化,向上运动时,y 值逐渐变小。

但是仍然可以把这个过程用三角函数的方式表现出来,可参考图3-4-7。

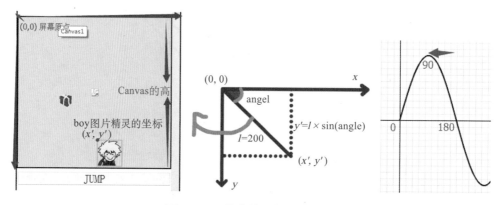

图3-4-7 跳高的三角函数分析

在 sin( ) 函数中,只取 [0,180] 的区间,这样函数的曲线和原地起跳的 y 值变化是接近的,但是因为手机坐标系的关系,需要做点小小的修改,在界面设计中把 boy 的图片精灵放置在最底部与 Canvas 底部齐平,再利用 Canvas 的宽(boy 的底部)与三角函数的中 angle 从 0 变到 180° 的过程让 sin(angle) 值不同。

最后 boy 的 y 值坐标就可以得到以下模块的拼接设置,如图 3-4-8 所示。

boy 的 y 值坐标 = Canvas 的宽度 − (boy 本身高度 + Long × sin(angle))

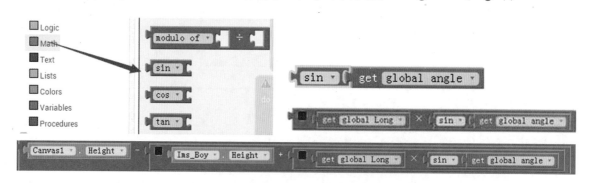

图3-4-8 根据 y 值得到模块的拼接位置

其中 Long 是固定设置值,这例子中取值 200,angle 的初始值为 0,单位是度数(°)。使用的是自定义变量模块,如图 3-4-9 所示。

2)自定义变量模块

所以最终是利用计时器改变 angle 的值,然后利用三角函数 sin(angle) 乘以固定设定值 Long，达到动态改变图片精灵 y 值坐标的目的。

```
initialize global angle to 0      initialize global Long to 200
```

图3-4-9　自定义变量模块

(1) 修改 Btn_jump 的 Click 事件。

单击 JUMP 时，让计时器能够产生动作，因为跳跃动作中关键点——改变 boy 图片精灵的 y 值是通过计时器达到的，所以需要做以下几个模块的设置，具体如图 3-4-10 所示。

- 设置 angle 的初始值为 0。
- 设置计时器有效。
- 设置起跳音效并播放。
- 设置起跳按钮无效。
- 改变提示信息为起跳。

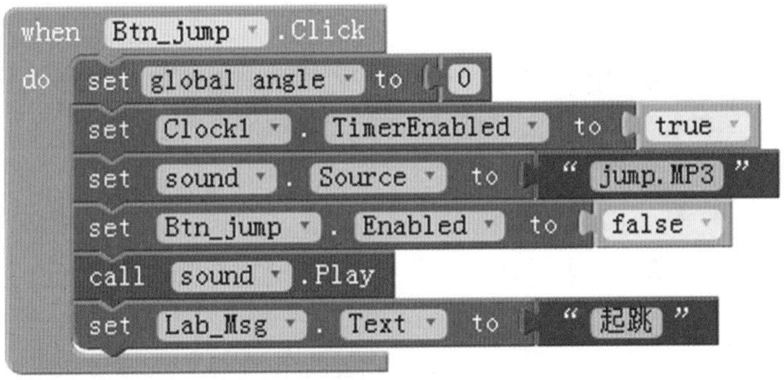

```
when Btn_jump .Click
do  set global angle to 0
    set Clock1 . TimerEnabled to true
    set sound . Source to "jump.MP3"
    set Btn_jump . Enabled to false
    call sound .Play
    set Lab_Msg . Text to "起跳"
```

图3-4-10　模块设置

这样设置后，单击按钮 1，计时器就开始工作了，开始工作的计时器会有一个动态改变 boy 坐标的事件过程。

(2) 利用计时器控件改变图片精灵的 y 值坐标。

修改计时器控件的 Timer 事件，让 angle 从 0 变化到 180°，计时器每次增加 10，如图 3-4-11 所示。

改变 boy 图片精灵的 y 坐标的设置由于前面篇幅有涉及且模块较长所以在下方详细展示 boy 的 y 值，如图 3-4-12 所示。

在 angle 达到 180°的时候，执行了 3 个操作，参考图 3-4-13。

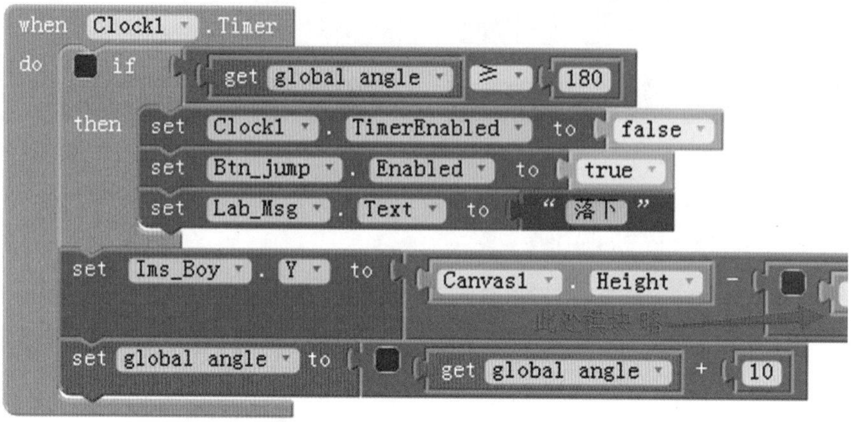

图3-4-11 利用计时器控件改变图片精灵的y值坐标

图3-4-12 boy的y值模块

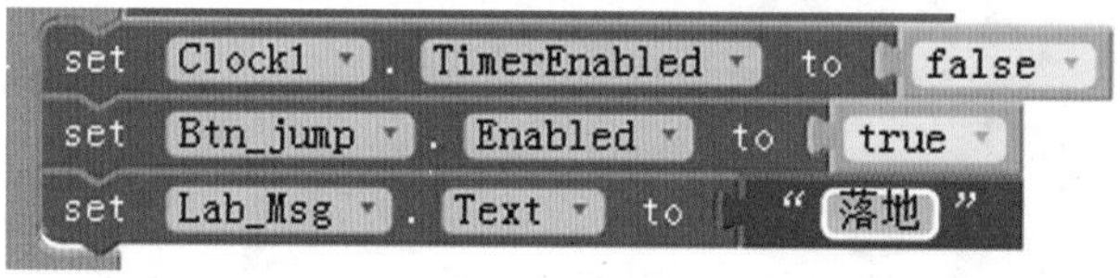

图3-4-13 angle达到180°时执行的3个操作

模块分别对应：①让计时器停止工作。②恢复JUMP按钮的工作状态。③修改提示信息为落地。

通过这两个模块的操作，已经可以让boy能够起跳，并且有音效。但是仍然可以完善其他一些模块。

（3）改变图片精灵横坐标x的值。

利用最简单的Canvas的Touch事件，通过单击让图片精灵boy的x位置发生改变，如图3-4-14所示。

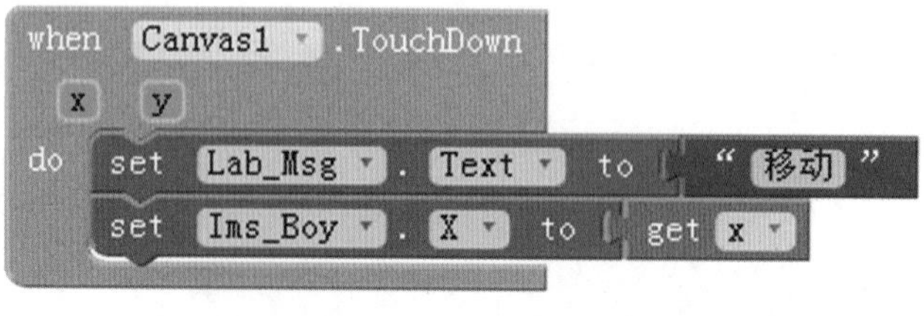

图3-4-14 让boy的x位置改变的模块

利用 Canvas 的 Touch 的 *x* 值坐标,对 boy 图片精灵进行移动,让 boy 图片精灵的 *x* 值与 Touch 的值一致,并修改状态。

(4)增加触碰礼物的事件。

在 Canvas 增加另一个 gift 图片精灵用于触碰,如图 3-4-15 所示。

再来看图片精灵的触碰事件,参考模块可见图 3-4-16。

图3-4-15　增加一个gift图片精灵用于触碰　　图3-4-16　触碰事件参考模块

图片精灵的触碰事件主要就是 CollideWith 事件,并且这个方法是带有 other 对象,可以利用这个 other 对象来判断是否与 gift 图片精灵触碰。

提示:参考图 3-4-17,图片精灵的触碰事件中,是图片精灵对象,可以判定是具体的哪个图片精灵,不同于 Canvas 的触碰参数(只能判定是否触碰到图片精灵)。

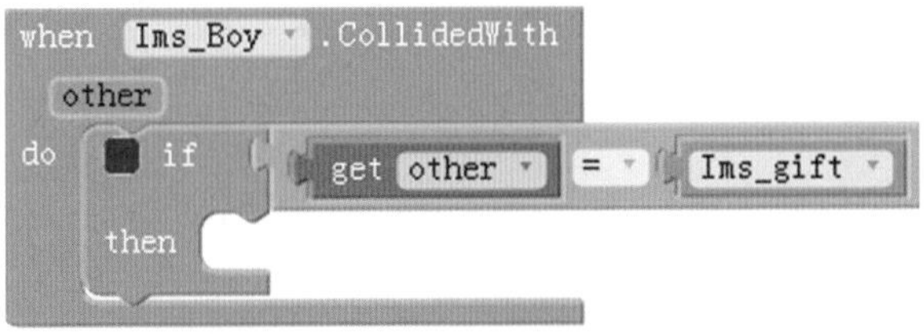

图3-4-17　other参数设置

最后可以把发生了触碰的事件写在是否触碰到礼物,最终完成的触碰事件模块如图 3-4-18 所示。

图3-4-18　触碰事件模块

至此,把跳跃的男孩已经打造成了能够 get gift 的手机应用,并且通过这样的实例,可以拓展更多有趣的东西。

7. 完整模块

综合前文，HappyJumping 的完整模块如图 3-4-19 所示。

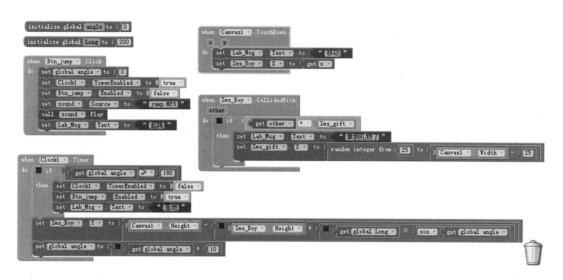

图3-4-19　完整模块

8. 代码解读

本实例主要涉及了用于产生数学随机数改变礼物的模块，利用计时器和三角函数 sin( ) 改变图片精灵坐标。

9. 测试

使用模拟器对 APP 进行测试，图 3-4-20 所示正好是拿到礼物，礼物随机显示到下一个位置的界面。

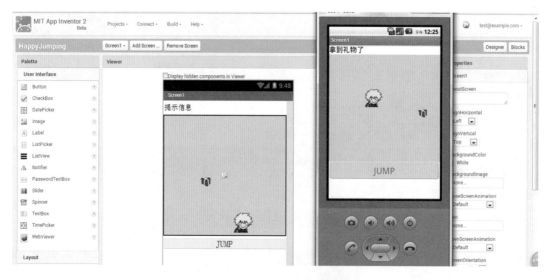

图3-4-20　使用模拟器测试界面

10. 项目的保存和导出

（1）保存项目的方法：执行 Project → Save project 命令。

（2）导出项目的方法：执行 Project → My Projects → Export selected project (.aia) to my computer 命令。

（3）默认下载目录："我的电脑"→"我的文档"→ Download 目录。

11. 思维拓展任务

（1）利用三角函数改变了 boy 图片精灵的位置，可否让礼物也动起来呢？

（2）增加统计的模式，让互动方式变得更加有趣。

第五节　快乐跑男——HappyRunning

1. 本节概要

前一节学会了制作跳跃男孩的应用，是以跳跃的方式得到礼物，本节模仿接金币小游戏让礼物落下来的形式制作应用。不过除了接书本（奖励物）外，还需要规避掉炸弹（避开）。对接到书本和炸弹需要做出不同的响应。

2. 学习要点

- 让按钮自适应屏幕（界面优化）；
- 继续学习 Canvas 的图片精灵的多种碰撞检测；
- 增强计时器的参数设置与控制；
- 加强字符串的拼接使用。

3. 实例探究——HappyRunning

HappyRunning 的实例界面如图 3-5-1 和图 3-5-2 所示，演示效果如下。

- 单击左、右按钮，图片精灵会左、右移动。
- 移动男孩，接到书本，成绩加 3。
- 遇到炸弹成绩减 5。

在遇到书本和炸弹时，人物的图片精灵也不相同，如图 3-5-1 和图 3-5-2 所示。

4. 界面设计与组件构成

根据界面设计，需要设置多个宽度充满屏幕的标签，用于测试信息和相关提示的输出，如图 3-5-3 所示。

图3-5-1 程序界面1

图3-5-2 程序界面2

图3-5-3 最终UI界面

5. 组件的拖放和设置

如图3-5-4所示,需要3个标签,1个Canvas画布(Canvas画布里有3个图片精灵)、1个水平布局控件(水平控件里放2个按钮),1个计时器组件。

结合图3-5-4,参考表3-5-1,拖拉组件进行设置。

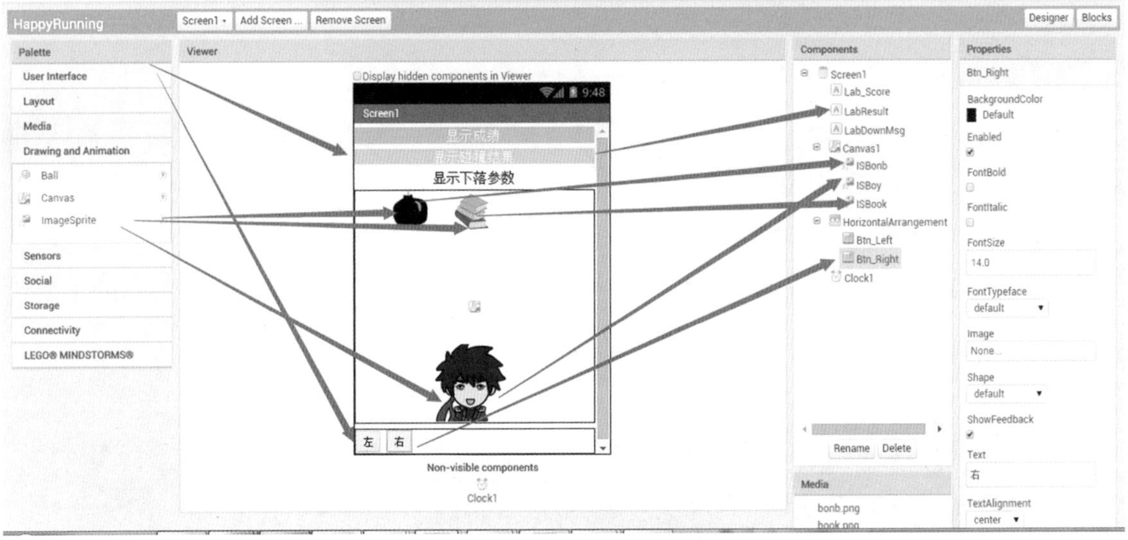

第三章　互动小应用

图3-5-4　组件的拖放和设置

表3-5-1　界面设计和详细设置

组件所属列表	组件名	属性名	属性值	说　明
User Interface	Lab_Score	Text	显示成绩	—
	LabResult	Text	显示结果	—
	LabDownMsg	Text	下降信息	—
Drawing and Animation	Canvas1	Width	Fill parent	充满屏幕
		Height	300	高 300 像素
	ISBonb	Picture	bonb.png	炸弹图案
		Width	45	高度和宽度 45 像素
		height	45	
	ISBoy	Picture	run2.png	男孩初始图
		Width	94	设置 94×100 像素
		Height	100	
	ISBook	Picture	book.png	书本图案
		Width	45	高度和宽度 45 像素
		Height	45	
Layout	HorizontalArrangement	Width	Fill parent	水平布局控件
User Interface	Btn_Left	Text	左	—
	Btn_Right	Text	右	—
Sensors	Clockl	TimerInterval	100	Timer 间隔

6．Blocks 编程拼接搭建

1）按钮的自适应调整

虽然设计界面中的按钮是很小的，但是运行中发现两个按钮正好充满了整个屏幕，这里用到了自适应改变组件宽度的方法。

在屏幕初始化的时候，需要做一些界面优化：让按钮可以针对屏幕调整。可以根据屏幕的大小把按钮的宽度值设置成水平布局控件宽度值的一半（水平布局控件是按钮的上层组件，宽度值等同于屏幕宽度）。模块搭建如图 3-5-5 所示。

图3-5-5　按钮的自适应调整模块搭建

2）自定义变量

为了让程序流程更加丰富有趣，需要根据表 3-5-2 建立几个自定义变量。

表3-5-2　自定义变量清单

变量名	作　　用	初始值
gift	用于存储随机数	0
socre	计算成绩的分数	0
v_book	书本的分值	3
v_bonb	遇到炸弹需要减去的分值	5

参考图 3-5-6，设定 4 个自定义变量模块。通过建立这 4 个自定义变量，在触碰事件中，根据对应的事件来改变 socre 的值。

图3-5-6　自定义变量模块

3）自定义函数

需要自定义一个产生礼物的变量，用于区分的礼物有书本和炸弹两种。利用随机数 gift 的大小值来区别到底是哪种礼物，随机产生一个 0~100 的数。没有直接随机产生两个数（1

或者2)，因为这样的随机数产生的概率可以有效控制，即产生book的概率是60%，而产生bonb的概率是40%。

- 当gift > 40时，让book图片精灵显示，bonb图片精灵不显示。
- 当gift ≤ 40时，让bonb图片精灵显示，book图片精灵不显示。

这样可以根据这个值的不同，调整游戏中出现两种物品的概率，当然本实例中就定义了40这个数值，当然也可以再设置一个自定义变量值为40。自定义函数（make）产生礼物或者炸弹的模块搭建，可参考图3-5-7。

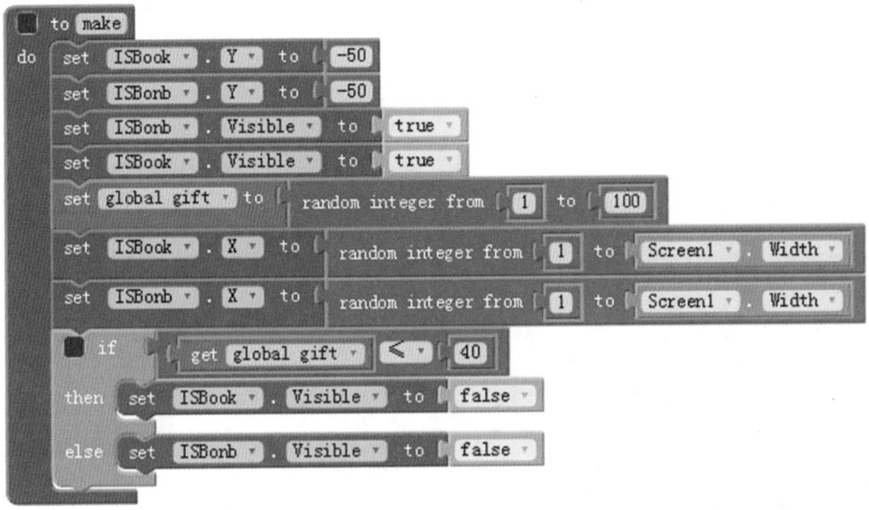

图3-5-7　自定义函数产生礼物或炸弹的模块搭建

在这个自定义过程中，设置图片精灵y坐标值为-50的主要目的是两个图片精灵回到最上方，并随机设置图片精灵的x坐标值。

(1) 移动左、右按钮改变boy图片精灵。

单击"移动"按钮后，x坐标偏移5%的屏幕宽度，向左按x坐标值变小，向右按x坐标值变大。需要考虑边界问题，所以左按钮考虑坐标为0的边界，而右按钮考虑最大值的边界，模块如图3-5-8所示。

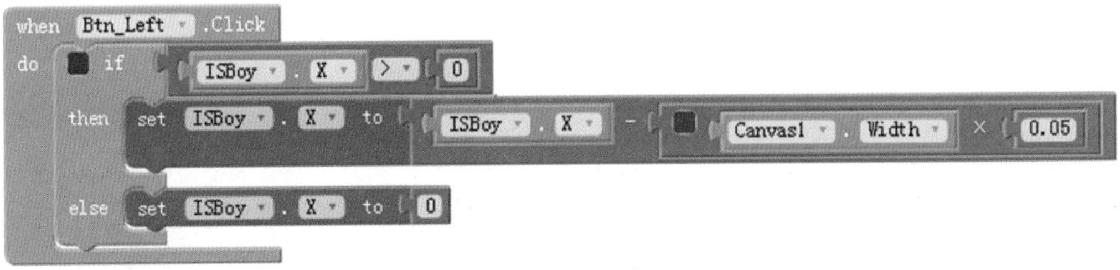

图3-5-8　左按钮单击模块

同理，右按钮单击模块如图 3-5-9 所示。

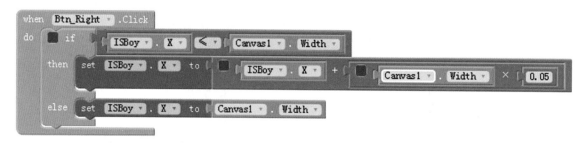

图3-5-9　右按钮单击模块

(2) 计时器 Timer 事件。

计时器主要实现以下两个功能。

① 计时器在这里的作用主要是使图片精灵 book 或者 bonb 下落，即通过改变图片精灵的 y 坐标值来达到目的。

通过条件判断控制模块，选择相应模块来改变其 y 坐标值，如图 3-5-10 所示。

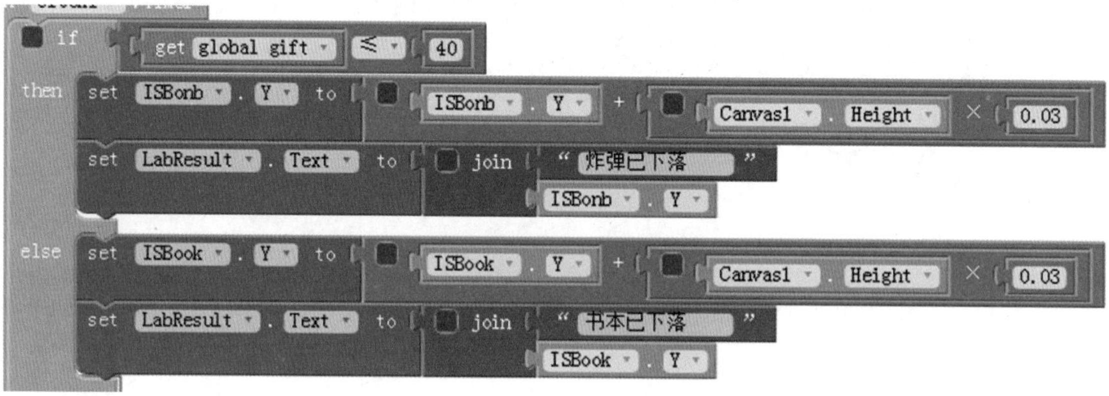

图3-5-10　通过条件判断控制模块

其中，join 模块是字符串拼接函数，可以通过蓝色模块添加多个需要拼接的模块。

② 计时器还需要判断是否触底，触底需要重新产生。

主要通过图片精灵的 y 坐标值是否触底，这其中需要大家了解一个概念，触底时 y 坐标值并不等于 Canvas 的高度，而是等于 Canvas 的宽度减去图片精灵本身高度。而且这里用到了一个 or 关系操作符，这样最后触底的不管是哪个图片精灵，只要触底就重新生成。图 3-5-11 是图 3-5-12 的 if 模块判断条件的分段（因为模块太长）。

如果触底就重新产生，如图 3-5-12 所示。

所以 Timer 事件的完整模块如图 3-5-13 所示。

图 3-5-11 if模块的条件分支

图 3-5-12 if模块

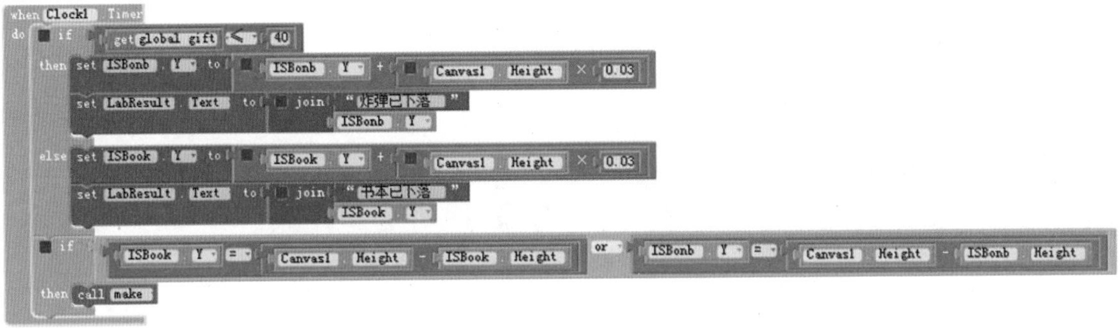

图 3-5-13 Timer事件的完整模块

（3）boy 图片精灵的触碰事件。

触碰事件主要考虑两种情况：一个是 book（书本）；一个是 bonb（炸弹）。

① 分别对这两种情况做出不同的响应处理，如果碰到 bonb 图片精灵，减去相应分值；如果碰到 book 图片精灵，增加相应分值。

② 调用 make 重新生成礼物。

图片精灵的触碰事件（CollidedWith）模块搭建如图 3-5-14 所示。

在此基础上拓展模块，遇到炸弹时再完成几个模块。碰撞标签提示信息修改为"遇到炸弹"，数值减小，将 bonb 图片精灵可视性设为假（不可见），boy 的背景图片设置为 run1.png（灰色发型）。此外，还需要额外考虑一个分值为 0 的特殊情况，当分值降为 0 时，分数就不再减小。所以模块修改成如图 3-5-15 所示。

同理，拓展遇到 book 精灵的模块：将结果标签提示信息修改为"长知识了"，将 book 图片精灵可视性设为假（不可见），并且修改相应的标签信息，最后完成分数显示，重新产生礼物。模块搭建如图 3-5-16 所示。

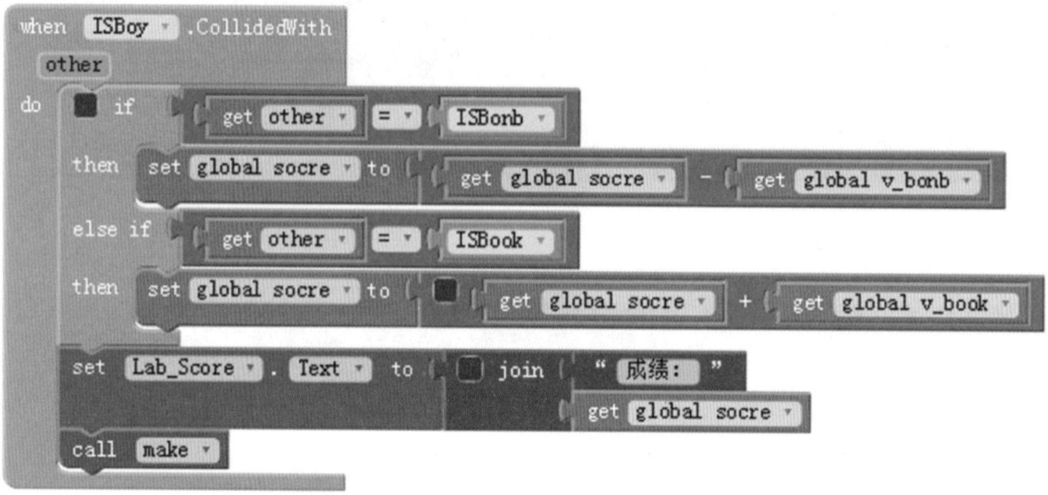

图3-5-14 触碰事件模块搭建

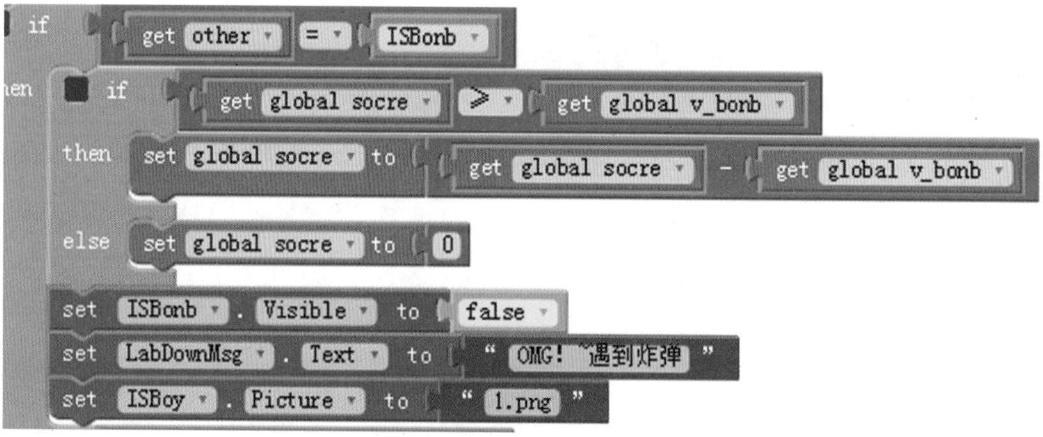

图3-5-15 增加分值为0时的模块搭建

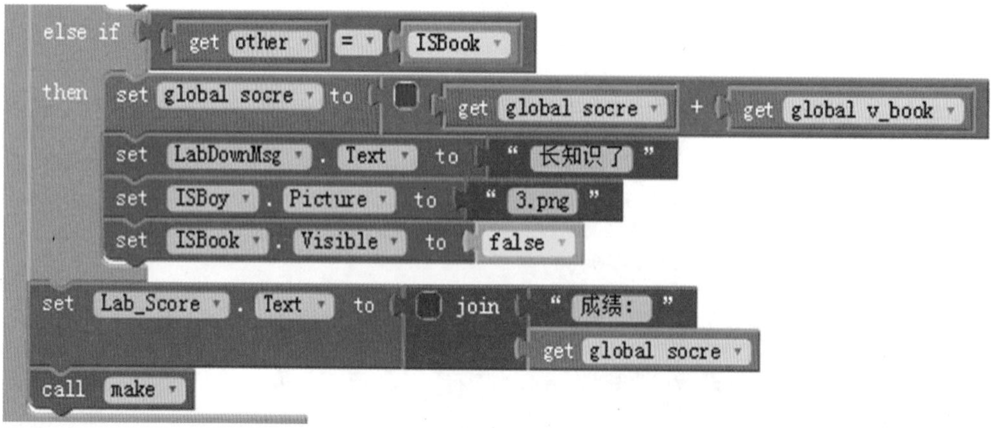

图3-5-16 拓展模块搭建

7. 完整模块

综合以上模块搭建,完整代码的界面如图 3-5-17 所示。

图3-5-17　完整模块

8. 代码解读

本课程实例主要以 boy、book、bonb 这 3 个图片精灵为设计核心,自定义函数 make 产生 book 或者 bonb 不同分值的图片精灵,计时器控件的计时事件让其下降,左右移动按键控制 boy 图片精灵的位置,配合 boy 图片精灵的碰撞检测,达到不同碰撞产生不一样的效果。

9. 测试

使用模拟器对 APP 进行测试,测试界面如图 3-5-18 所示。

图3-5-18　使用模拟器测试界面

10. 项目的保存和导出

（1）保存项目的方法：执行 Project → Save project 命令。

（2）导出项目的方法：执行 Project → My Projects → Export selected project (.aia) to my computer 命令。

（3）默认下载目录："我的电脑"→"我的文档"→ Download 目录。

11. 思维拓展任务

（1）本实例中缺少一点人性化设计，没有开始和暂停任务的按键，可否尝试拓展和添加这个功能？

（2）可否添加一个计时模式功能：如一分钟完成了多少成绩？

本章总结

本章前两节以按钮形式互动，之后增加了Canvas组件，引入了图片精灵和计时器，让互动效果更佳。学生可以根据已学知识，做一些自己觉得有趣的小应用。

第四章 绘图达人

本章主要学习 Canvas 的绘图功能,深入了解 Canvas 的绘图,包括绘制基本图形,从定值图形到可控图形,再到自定义图形。与其他章节不同,本章所有小节与实例都是基于 Canvas 绘图的研究。目的是让学生对 Canvas 的各种函数和参数有一个更加清晰的掌握。而完成了 HappyPaint 之后,通过 HappyCatch 来演示 Canvas 结合计时器动态绘制,形成动画效果。

第一节 基本图形界面——HappyPaint_V0

1. 本节概要

本节将通过 HappyPaint 的实例,介绍组件 Canvas 的绘图功能,后续会对界面进行一定的强化,尤其是绘图上功能强化。本节要求先掌握界面设计部分和基本图形圆的绘制,后面的课程内容会在此基础上展开。

2. 学习要点

- 掌握界面布局;
- 掌握 Canvas 画圆函数和清屏函数;
- 颜色取值,并应用到相应的 Canvas 画笔属性。

3. 实例探究——HappyPaint_V0

HappyPaint_V0 主要实现画圆和清屏功能,如图 4-1-1 至图 4-1-3 所示。

4. 认识新组件

新组件见表 4-1-1。

表4-1-1 新组件清单

类　型	名　称	用　途
Canvas 组件	画布	用于图形绘制的画板
Color	颜色数值	默认黑,Canvas 可设置

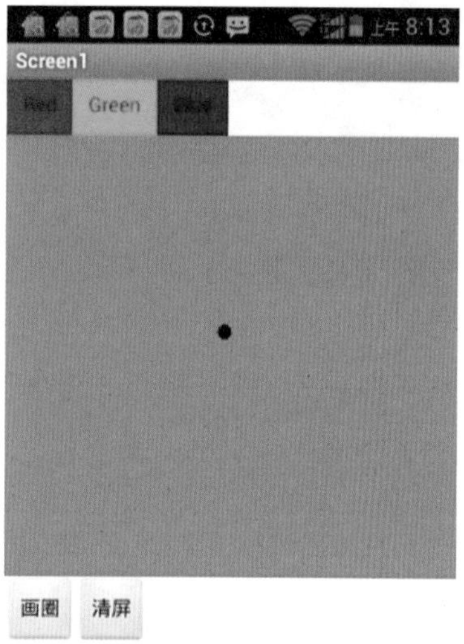

图4-1-1 初始界面 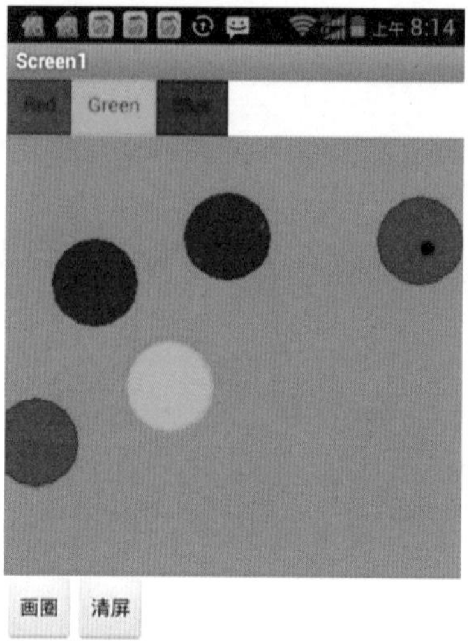　　图4-1-2 画圆界面　　图4-1-3 清屏界面

5. 界面设计与组件构成

界面设计中需要设置按钮的相应背景色和拖曳 Canvas 组件的 Ball 组件到 Canvas 中，界面如图 4-1-4 所示。

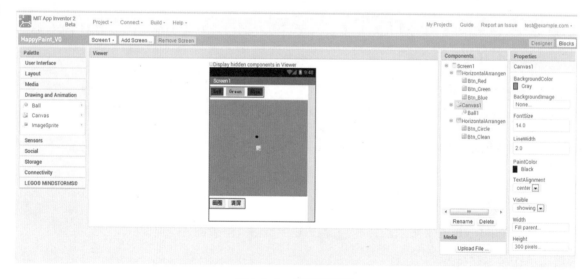

图4-1-4　最终UI界面

6. 组件的拖放和设置

参考图 4-1-5，界面主要涉及的是 Canvas 组件、Ball 组件的拖曳。组件清单：1 个 Canvas 组件，1 个 Ball 组件，2 个水平布局组件，5 个按钮，界面设计和详细设置如表 4-1-2 所示。

第四章 绘图达人

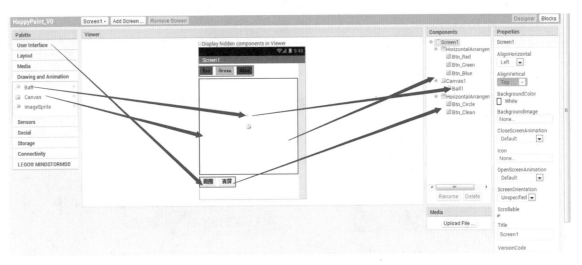

图4-1-5 组件的拖放和设置

表4-1-2 界面设计和详细设置

组件所属列表	组件名	属性名	属性值	说明
Layout	HorizontalArrangement1	—	—	水平布局控件
User Interface	Btn_Red	Text	Red	显示文本
		BackgroundColor	Red	红色
	Btn_Green	Text	Green	显示文本
		BackgroundColor	Green	绿色
	Btn_Blue	Text	Blue	显示文本
		BackgroundColor	Blue	蓝色
Drawing and Animation	Canvas1	BackgroundColor	Gray	灰色
		Width	Fill parent	充满一样
User Interface	Ball1	—	—	默认值
Layout	HorizontalArrangement2	—	—	水平布局控件
User Interface	Btn_Circle	Text	画圆	—
	Btn_Clean	—	—	水平布局控件

7. Blocks 编程拼接搭建

绘图坐标系：左上角点为 (0, 0) 点。

初版功能的实现要求：①单击按钮能在 Canvas 上画圆。②在选择相应颜色后，画出的圆颜色发生改变。③单击"清屏"按钮可以清屏。

(1) 单击按钮画圆。

画圆要用的函数模块如图 4-1-6 所示。

参数 x、y、r 分别代表画圆函数的圆所在的圆心 (x, y) 和半径 (r)。

那么如何利用好这个 DrawCircle 函数呢？利用 Ball 组件的 (x, y) 值作为画图参数，然后给定一个参考值 30 为半径，这样就可以进入画圆操作了，如图 4-1-7 所示。

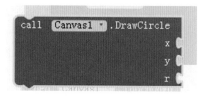 

图4-1-6　画圆函数模块　　　　图4-1-7　设置画图的参数

默认是黑色的，可以给它换种颜色。应该设置 Canvas 的什么属性呢？PaintColor 参考图 4-1-8。

图4-1-8　Canvas属性

● 提示：复制模块，右击 duplicate 按钮即可，再修改相应的对象，特别适用于方法一样、对象同一类型的。

如果觉得颜色不合心意，可以直接单击颜色部分，在弹出的颜色模块中选择喜欢的颜色。也可以通过颜色类模块选择中意的颜色。

当然可以通过传递 RGB 参数的方式来选择合适的颜色，参考图 4-1-9。

图4-1-9　通过传递RGB参数选择合适的颜色

替换颜色的演示效果如图 4-1-10 所示。

(2) 让 Ball 组件移动。

还记得上节课的小鼹鼠吗，让鼹鼠移动的关键函数是 MoveTo 模块，如图 4-1-11 所示。Ball 组件同样也有此模块。

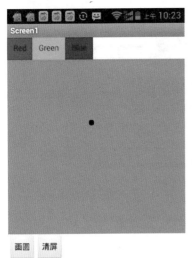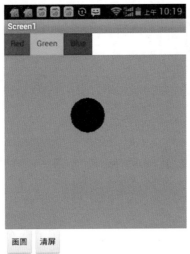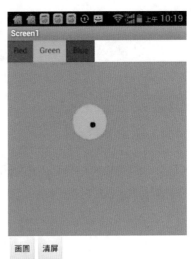

图4-1-10 改变颜色之后的效果

图4-1-11 移动的函数MoveTo模块

小球移动的方法如图 4-1-12 所示的两种。

- 单击屏幕中的 Canvas,移动到当前的位置。
- 拖曳小球,让小球停到当前滑动位置。

图4-1-12 两种小球移动的方法

(3) 清屏操作。

Canvas 带有清屏函数 Clear,所以结合按钮事件简单调用即可,如图 4-1-13 所示。

8. 完整模块

完整模块代码如图 4-1-14 所示。

图4-1-13 清屏操作

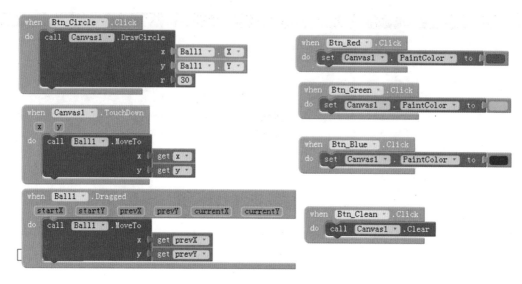

图4-1-14 完整模块

9. 代码解读

本实例主要涉及了 Canvas 的画圆函数 DrawCircle。简单数学公式用到了数学的随机函数 random( )，针对图片精灵的移动，用到了小球的 MoveTo 模块。

10. 测试

使用模拟器对 APP 进行测试，测试界面如图 4-1-15 所示。

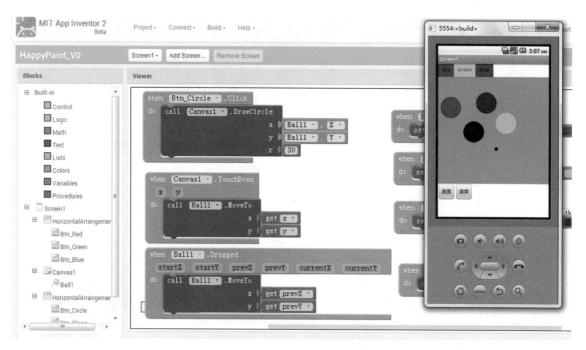

图4-1-15 使用模拟器测试界面

11．项目的保存和导出

（1）保存项目的方法：执行 Project → Save project 命令。

（2）导出项目的方法：执行 Project → My Projects → Export selected project (.aia) to my computer 命令。

操作界面可参考图 4-1-16。

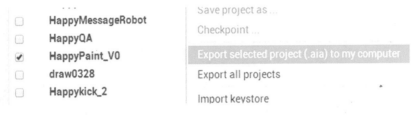

图4-1-16　导出.aia文件

（3）默认下载目录："我的电脑"→"我的文档"→ Download 目录。

12．思维拓展任务

本实例只是绘制圆的基本功能，画出的圆大小固定，那么如何绘制一个大小可控的圆呢？带着问题拓展一下内容。

（1）完善课例，美化界面。

（2）试试在 APP 里添加更多的功能，绘制矩形等图形。

第二节　可控圆与直线的约会——HappyPaint_V1

1．本节概要

在前面学习 HappyPaint_V0 的课例时，已经学会了标准圆的绘制，也遗留了一个问题给学生思考，如何绘制大小可控圆？本节就是基于此问题的设计。此外，本节还要实现在 Canvas 上画直线的功能。

2．学习要点

● 掌握可控圆的绘制方法——两点直径法；

● 掌握直线的绘制方法。

3．实例探究——HappyPaint_V1

思考：要让圆的大小可变，关键是绘制圆的半径 r 的参数变化，那么又该如何控制参数 r 的大小呢？

关于改变绘制图形圆大小的方法，相信同学在经过思考之后，肯定有很多想法，有的已经实现，这里推荐一种比较简单又容易理解的方法。

由于两点决定一线，所以称这个绘制可控圆的方法为**两点直径法**。顾名思义，在上节课中一个 Ball 组件无法绘制可变大小的圆，就再加一个 Ball 组件。利用两个 Ball 组件的坐标点构成一条用于绘制圆的直径。

4. 项目导入

这一次要在上一节的基础上完成本小节的内容，项目导入的内容，如图 4-2-1 所示。

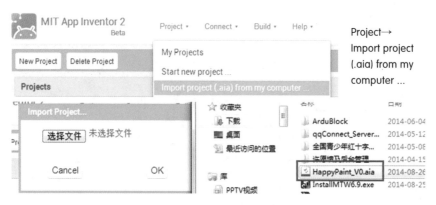

图4-2-1　项目导入

5. UI 设计新组件的添加

根据表 4-2-1，在导入的项目中进行组件添加，主要是增加一个 Ball 组件与一个画线按钮。

表4-2-1　新组件

组件所属列表	组 件 名	属性名	属性值	说　　明
Drawing and Animation	Ball	—	—	默认
User Interface	Btn_Line	Text	画线	画线按钮

6. 添加组件后更改相应的属性

针对已有项目，添加新的组件并设置相应名称，如图 4-2-2 所示。

7. Blocks 编程拼接搭建

（1）两点直径法画圆。

首先是两点间的距离公式，即

$$P_1P_2 = \sqrt{(x_2-x_1)^2+(y_2-y_1)^2}$$

由此再把它转成模块的话会相对简单，但那之前需要把公式相关的模块一一对应起来，如图 4-2-3 所示。

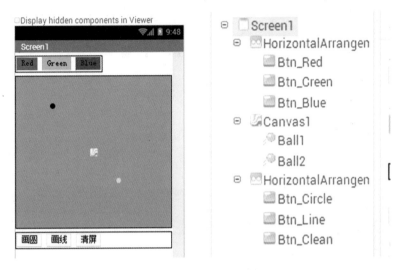

图 4-2-2　添加组件后更改相应的属性

（a）求平方根　　　（b）指数运算2表示2次方　　　（c）相加

图 4-2-3　公式与模块对应

这样，找好相对应的数学模块搭建的画圆就方便了，以 Ball1 组件和 Ball2 组件的 x、y 作为调用参数，具体模块如图 4-2-4 所示。

图 4-2-4　模块代码

（2）两点间画直线。

当画圆的问题解决后，画线的问题也就解决了，只需简单调用 Canvas 的画线函数即可，如图 4-2-5 所示。

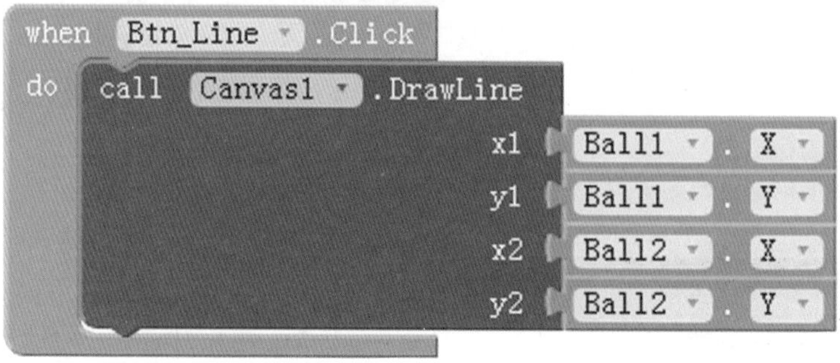

图4-2-5 两点间画直线模块

(3) 小球移动。

小球移动主要用的是拖动,如图4-2-6所示。

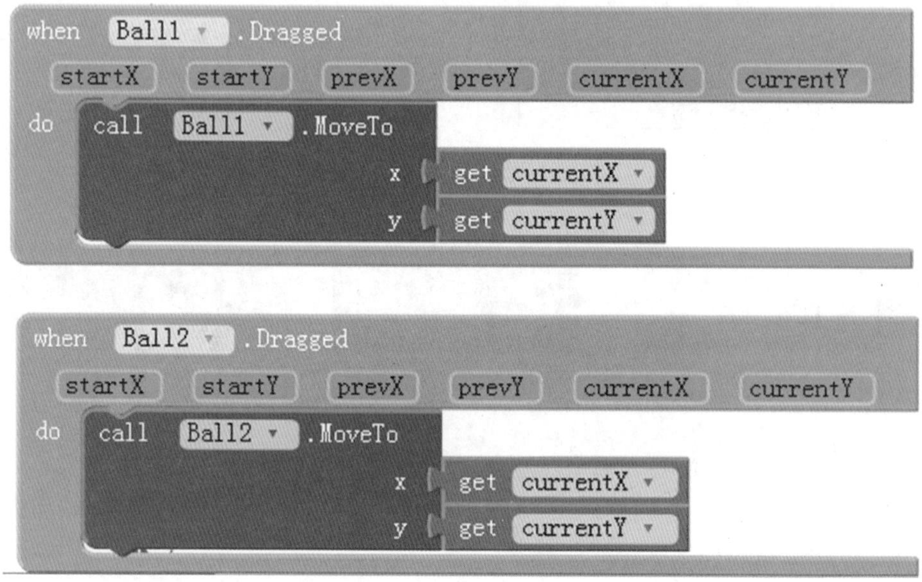

图4-2-6 小球移动模块

💭 思考:为什么在移动小球时用到了小球的拖曳模块,而没有用Canvas的Touch事件?

8. 完整模块

至此HappyPaint_V0已经成功升级为HappyPaint_V1,完整模块如图4-2-7所示。

9. 测试

使用模拟器对项目进行测试,测试界面如图4-2-8所示。

第四章 绘图达人

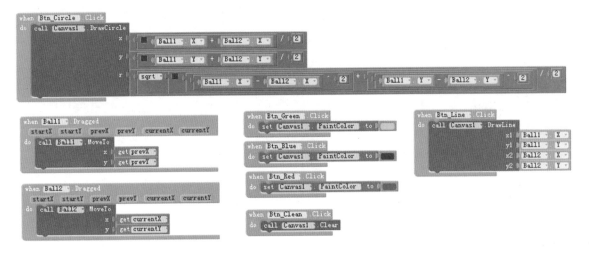

图 4-2-7 完整模块

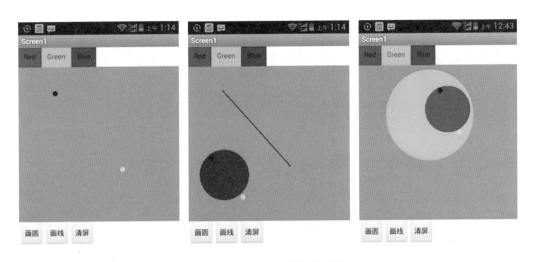

图 4-2-8 使用模拟器测试界面

10. 项目的保存和导出

(1) 保存项目的方法：执行 Project → Save project 命令。

(2) 导出项目的方法：执行 Project → My Projects → Export selected project (.aia) to my computer 命令。

(3) 默认下载目录："我的电脑" → "我的文档" → Download 目录。

思考：观察画圆和画线函数时，可以发现所画的圆与 Ball 组件的关系并非关于圆心中心对称，造成这种现象的原因是什么？

答案：因为 Ball 组件的 x、y 取的值是它的外接矩形的，右上方坐标不是 Ball 组件的圆心。

11．思维拓展任务

（1）完成课例中画圆，大小可控，位置可变。

（2）改进画图模块，让所画的圆能够与 Ball 组件相对所画圆心对称。

第三节　程序的美化打包——HappyPaint_Final

1．本节概要

在 HappyPaint_V1 的基础上继续学习自定义图形的绘制，充分掌握 Canvas 的画图原理，把最后的 APP 美化打包。

2．学习要点

- 掌握可控圆的绘制方法——两点直径法；
- 掌握多条直线的绘制方法；
- 设置相关组件、相关背景和 App Icon 图标；
- 打包安装测试。

3．实例探究——HappyPaint_Final

思考：怎样绘制自定义图形？

自定义图形的绘制方法有多种，课内只考虑以多条直线为基础的自定义图形的绘制方法。主要函数就是 Canvas 的 DrawLine 方法（画线）。

4．项目导入

（1）执行 Project → Import project (.aia) from my computer ... 命令。

（2）选择 HappyPaint_V1.aia 文件。

5．新组件添加

在原有项目基础上，参照表 4-3-1，继续添加两个新按钮，界面可参考图 4-3-1。

表4-3-1　新组件

组件所属列表	组件名	属性名	属性值	说　明
User Interface	Btn_san	Text	三角形	—
	Btn_si	Text	矩形	—

6．Blocks 编程拼接搭建

思考：自定义画三角形中，第三个点从哪里来？

解答：可以通过两个 Ball 组件的坐标得到第三个点坐标。例如，图 4-3-1 所示第三个点坐标取的是 Ball2 的 x 值，Ball1 的 y 值。而且这个是一个抽象的概念，并不是有真正的 Ball3 组件放置在那里。

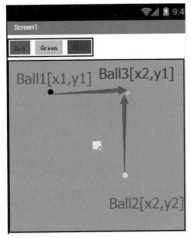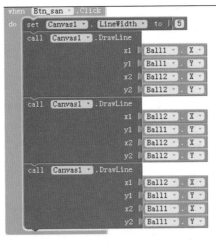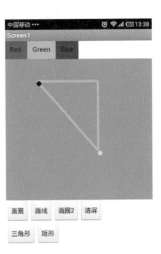

图4-3-1　画三角形时第三个点的取得

图 4-3-1 就是利用画线方法绘制三角形，画其他图形与此类似，同学们可以发挥创意，自行添加模块。

思考：如果需要第四个点来构造一个矩形，那么应该如何实践、如何绘制？

程序的打包如下。

（1）准备一张设置成图标的文件把它上传到 Media 下。

上传图片资源，操作如图 4-3-2 所示。

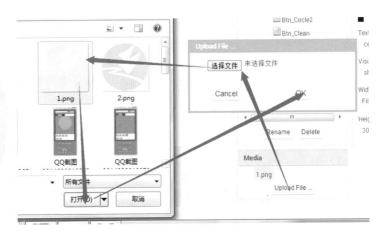

图4-3-2　上传图片操作

(2) 把上传的图片资源设置成 Screen 的 Icon 值。

如图 4-3-3 所示,将上传的图片设置成打包图片,同时也设置成 Canvas 的 BackgroundImage 方法,让画图的界面更好看一些。使用背景图后,界面如图 4-3-4 所示。

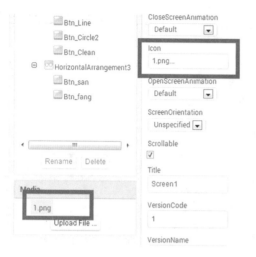

图4-3-3　Screen设置值　　　　图4-3-4　Canvas设置

(3) 程序打包成 APK 文件。

执行 Build → save .apk to computer 命令,完成 APK 文件的打包,如图 4-3-5 所示。

图4-3-5　程序打包

7. 安装、测试

计算机上的 APK 文件通过数据线或者无线网络、网盘等方式安装到手机上进行测试运行,稳定版本之后,后面可以去掉版本号之类内容,让程序名称先美观起来。参考图组 4-3-6。

图4-3-6　安装后并测试运行

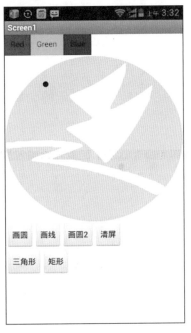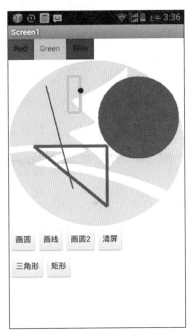

图 4-3-6（续）

8. 本节小结

学习了本章的前 3 个小节，大家对 APP 的整个流程更加熟悉，这 3 个连续的章节既是对 Canvas 绘图功能的深入，也是对 APP 持续开发演示一个比较简单的例子。课程进行至此，同学们已经基本掌握了各类基础控件的应用，应该形成了自己的 APP 正式版草案，可以进行 APP 正式版的开发流程了。

第四节 终极抓娃娃——HappyCatch

1. 本节概要

本节是灵活运用 Canvas 的绘画功能，结合计时器不断重新绘制 Canvas，从而产生动画效果。动画场景是模拟抓娃娃的机械手，绘制了一个抓取动作的动画。同学们通过分析此动画的基本原理，可以得到一些制作动画的启发。同时本节需要同学们有一定的数学逻辑思维能力，学起来会有一定的难度，课时安排可以更加灵活些。

2. 学习要点

- 字符串输出处理；
- 熟悉 Canvas 动画的基本原理、了解建立 Catch 爪子的基本数学模型；
- 针对数学模型做具体的实施。

3. 实例探究——HappyCatch

参考图 4-4-1 至图 4-4-4 这 4 个界面，本实例主要实现以下几个过程：

(1) 单击"开始"按钮时，爪子水平移动。

(2) 单击"抓"按钮时，爪子往下自动完成抓取的动作。

(3) 单击"开始"按钮时，爪子又变成上方水平移动状态。

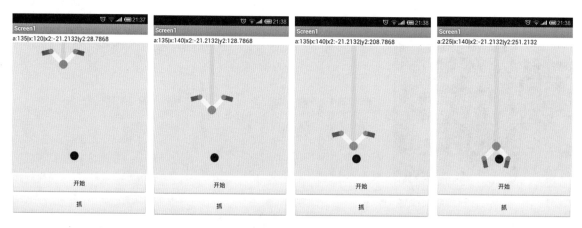

图4-4-1　程序界面　　图4-4-2　下行界面　　图4-4-3　抓取界面1　　图4-4-4　抓取界面2

> 提示：台上一分钟、台下十年功，HappyCatch 的例子要用视频看起来才过瘾，所以这里用了一个优酷视频的例子，参考图 4-4-5。

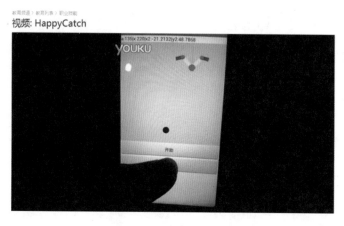

图4-4-5　优酷视频示例

在优酷网站单击"搜索"按钮，HappyCatch 即可看到该演示视频。视频地址：http://v.youku.com/v_show/id_XMTM1MzQ0NjQzMg==.html。

4. 界面设计与组件构成

根据图 4-4-6 所示界面的设计，主要注意的是计时器控件的设置和按钮的自动充满设置。

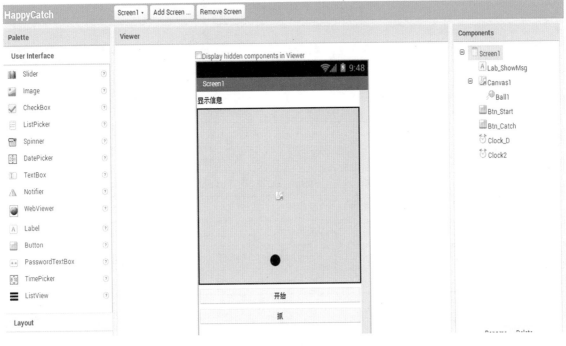

图4-4-6　最终UI界面

5. 组件的拖放和设置

结合图 4-4-7，对组件进行拖曳。组件清单：1 个标签组件，1 个 Canvas 组件；Canvas 下有 1 个 Ball 组件，2 个按钮组件，2 个计时器组件。界面设计和详细设置如表 4-4-1 所示。

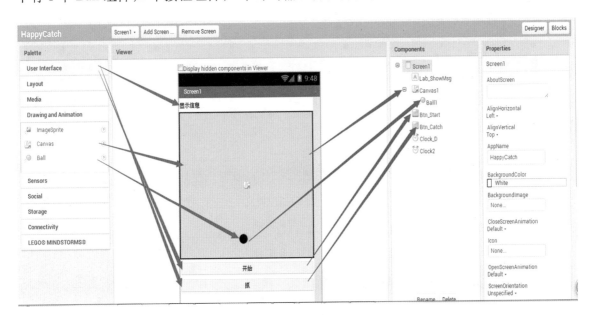

图4-7-7　组件的拖放和设置

表4-4-1　界面设计和详细设置

组件所属列表	组件名	属性名	属性值	说　　明
User Interface	Lab_ShowMsg	Text	显示信息	用于绘制跳
Drawing and Animation	Canvas1	—	—	画板
	—	Width	Fill parent	紧挨上层（充满）
	Ball1	—	—	不动小球,用于演示
User Interface	Btn_Start	Text	开启	
	—	Width	Fill parent	紧挨上层（充满）
	Btn_Catch	Text	抓	
	—	Width	Fill parent	紧挨上层（充满）
Sensors	Clock_D	TimerInterval	200	用于下行
	Clock_Catch	TimerInterval	200	用于抓取动计时

1）爪子动画原理

通过计时器不断地重新绘制,逐渐改变爪子的形状,利用人眼的视觉暂留现象,让人看到一幅连续变化的图形,如图4-4-8所示。

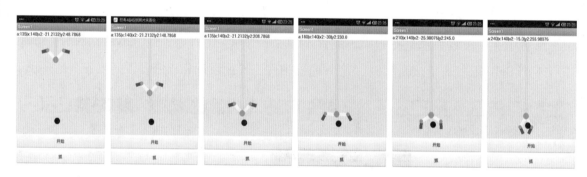

图4-4-8　Canvas在不同位置绘制爪子

2）建立数学模型

通过分析可得，Catch 爪子是一个对称图形,从爪子的一半入手,可以先求坐标 (x_2, y_2) 和坐标 (x_3, y_3)。参考图4-4-9,在建立过程中首先定义一些常数,分别如下：

- a = 坐标 (x, y) 到坐标 (x_2, y_2) 的直线距离；
- b = 坐标 (x, y) 到坐标 (x_3, y_3) 的直线距离；
- a 与 x 轴的夹角,定义为 angle（初始值为135°）。

第四章 绘图达人

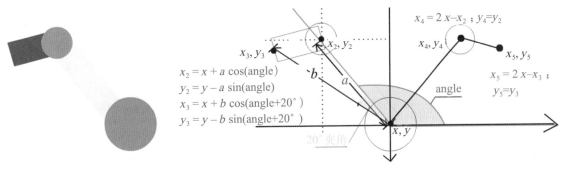

图 4-4-9　建立数学模型

3）运动中的数学变化

当爪子开始收拢时，坐标（x，y）保持不变，angle 角度由 135° 逐渐增大到 235°，简化在运动过程中红色杆子与黄色杆子的夹角变化，使其保持不变，初始 a、b 的夹角分别为 20°，值保持不变，即

$$b 与 x 正半轴夹角 = angle + 20°$$

由此得出

$$x_2 = x + a \cos(\text{angle})$$
$$y_2 = y - a \sin(\text{angle})$$
$$x_3 = x + b \cos(\text{angle}+20°)$$
$$y_3 = y - b \sin(\text{angle}+20°)$$

所以可以利用对称原理得到坐标（x_4，y_4）、（x_5，y_5）。

6．Blocks 编程拼接搭建

完成了数学模型分析和运动过程分析，需要把它用模块的形式表现出来，但是在模块的搭建中还是需要一定的技巧。

首先，绘制参数的设定，用绘制线的方法绘制矩形。当线宽设置为 10 绘制线段，就是宽度为 10 的矩形，如图 4-4-10 所示。

图 4-4-10　绘制矩形

其次，模块的搭建在数学模型的基础上实现，需要抓住 Catch 爪子的 5 个关键点，所以取了 10 个自定义变量用于定位，再加上之前数学模型中提出的 3 个参数，即 a、b、angle，所对应的自定义变量和参数设置可结合图 4-4-11 参考。

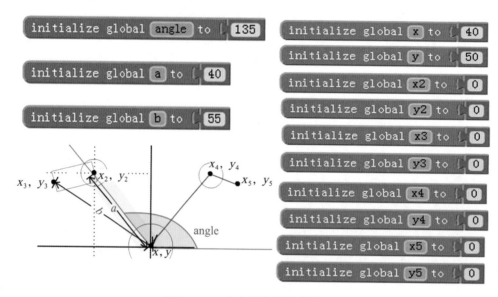

图 4-4-11　自定义变量和参数设置

另外，还增加了一个参数 Catch 用于判断是否进入下行抓取状态，默认是 false，如图 4-4-12 所示。

自定义函数模块 DrawHand：这样爪子的初始图形可以建立在 angle 不变的基础上，以 (x, y) 为参照系数建立一个基本图形，具体体现为图 4-4-11 所示的 5 个关键点组成的线段与圆，如图 4-4-13 所示。

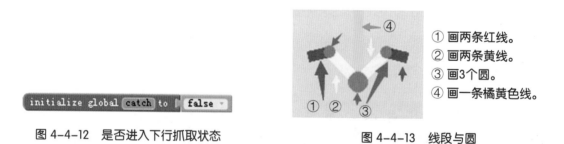

图 4-4-12　是否进入下行抓取状态　　　　图 4-4-13　线段与圆

> **提示**：为了增加美观度，把圆的绘制放在最后，这样节点就会被圆遮盖。

针对以上模型的建立，只要控制第一关键点坐标 (x, y) 以及 angle，就可以使 Catch 爪子发生变化。先求得对应的 5 个关键点，模块代码如图 4-4-14 所示。

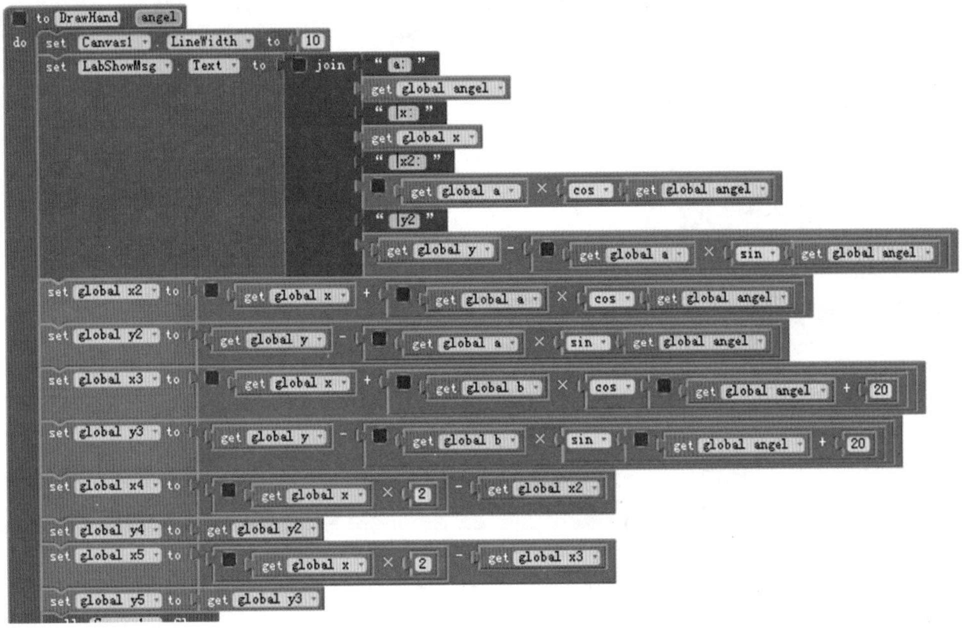

图4-4-14 绘制爪子的完整模块代码

然后根据求得的 5 个关键点坐标,结合数学模型,利用画线的方法,根据需要调整不同画笔的颜色和画笔的大小进行绘制。先画出矩形,最后再画圆,模块搭建可以参考图 4-4-15 和图 4-4-16。DrawHand 模块的完整模块代码如图 4-4-14 至图 4-4-16 所示。

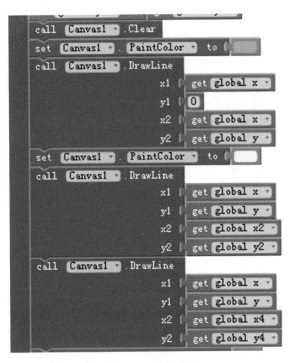

图4-4-15 模块搭建1

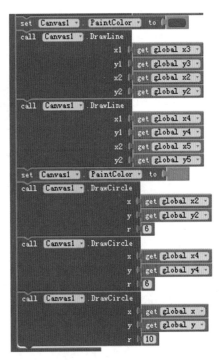

图4-4-16 模块搭建2

(1) 修改计时器定时事件。

两个计时器：Clock_D 与 Clock_Catch。

Clock_D 计时器负责爪子的位置（包括抓取时向下移动爪子），如图 4-4-17 所示。

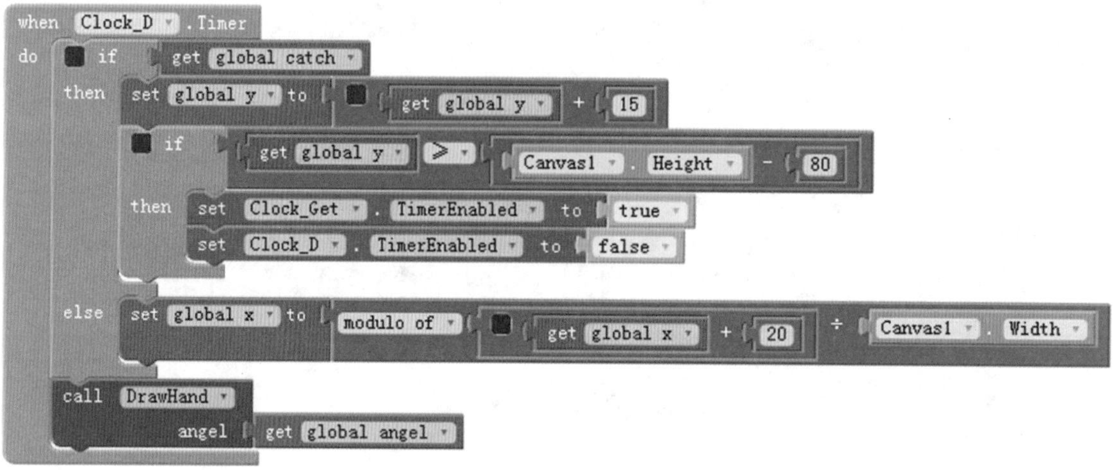

图4-4-17　计时器Clock_D模块

① 当没有接收到 Catch 指令时，Catch 爪子以 20 像素的速度平移。

② 当收到 Catch 命令是 Catch 爪子以 15 像素的速度向下移动，直至底部，移至底部时移动爪子的计时器失效，而抓取动作计时器生效。

Clock_Catch 负责爪子到达指定位置时执行爪子抓取动作，如图 4-4-18 所示。

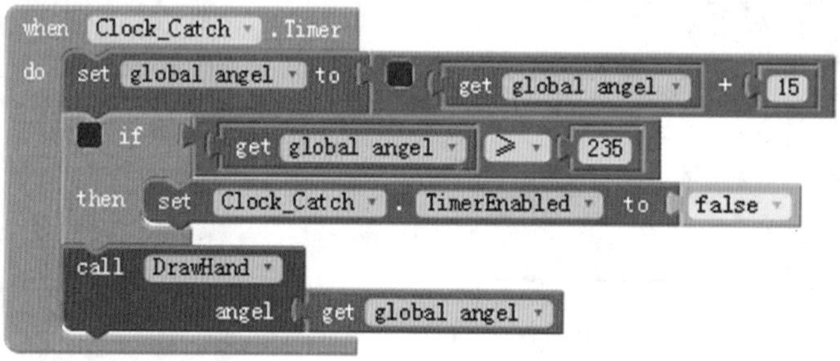

图4-4-18　计时器Clock_Catch模块

抓取计时器生效后，以 15°的速度收拢，同时因为 angle 的变化，抓取臂也随之变化。直至抓取臂到 235°，变化范围为 100°。

(2) 修改 Btn_Start 的 Click 事件。

在"开始"按钮单击事件中增加相应模块，做好准备抓取的初始模块设置，如图 4-4-19 所示。

第四章 绘图达人

"开始"按钮用于初始化爪子状态,设置爪子的第一关键点坐标(120,60),并初始化 angle 为 135°,移动爪子计时器重新生效。

(3) 修改 Btn_Catch 的 Click 事件。

图 4-4-20 所示为发送抓取命令,移动计时器生效。

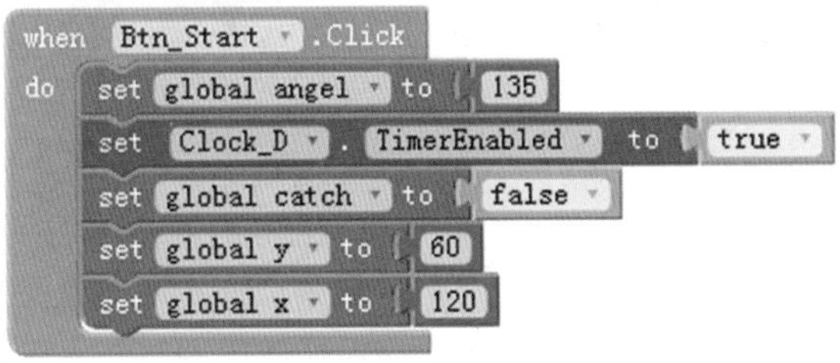

图4-4-19 修改Btn_Start的Click事件 　　　图4-4-20 修改Btn_Catch的Click事件

7. 完整模块

完整模块如图 4-4-21 所示。

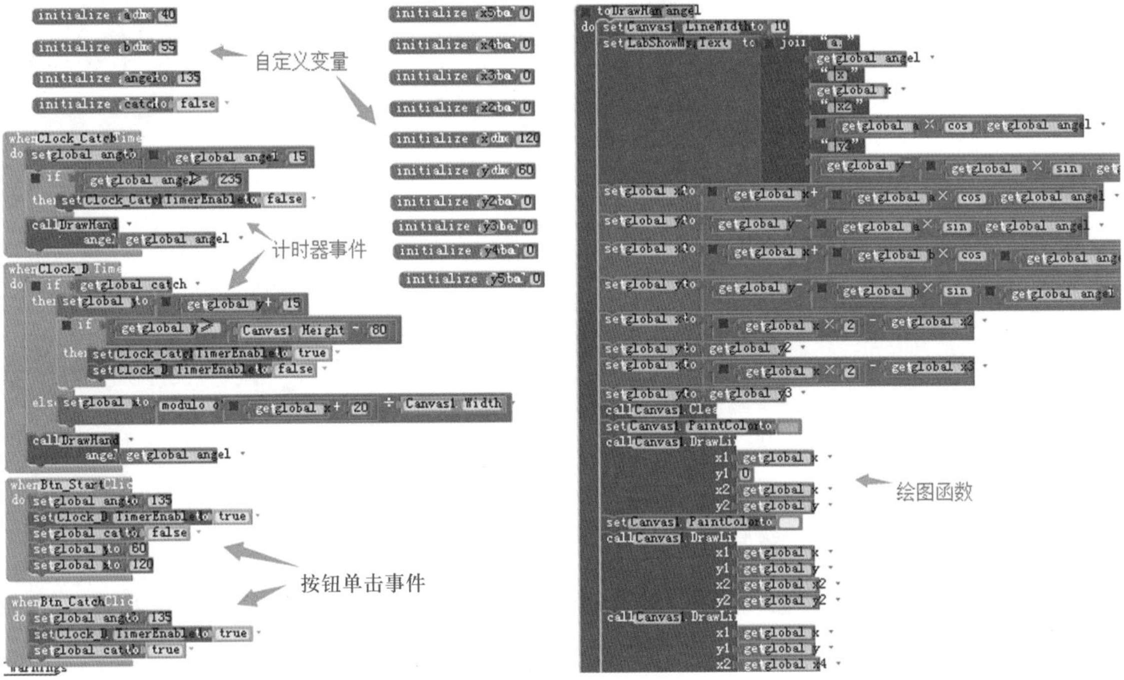

图4-4-21 完整模块

8. 代码解读

本实例主要是 Canvas 结合了计时器刷新绘制,制作了一个类似抓娃娃动作动画效果,利用建立的基本数学模型,达到产生动画的效果。

9. 测试

使用模拟器对 APP 进行测试，测试界面如图 4-4-22 所示。

图4-4-22　使用模拟器测试界面

10. 项目的保存和导出

（1）保存项目的方法：执行 Project → Save project 命令。

（2）导出项目的方法：执行 Project → My Projects → Export selected project (.aia) to my computer 命令。

（3）默认下载目录："我的电脑"→"我的文档"→ Download 目录。

11. 思维拓展任务

本节学习了利用计时器动态绘制图形产生动画的效果，可以以此创设更多有趣的场景，结合图片精灵可以让 Canvas 动画变得更酷、更炫、更有意思。

本章总结

　　本章围绕Canvas 绘图功能展开，是一个持续开发的完整实例，也有利用数学模型的难度性尝试。通过学习本章的知识拓展，可以让学生的逻辑性思维走得更远、更深。

第五章 个性化应用

本章将要学习制作应用级的APP。HappyMsgRobot是一个自动回复短信的APP，并能将已收到的短信收藏为自动回复的内容。HappyQA是一个校园开心问答系统，里面用到了List的数据操作，是很有意思的一个小应用，熟练掌握List的使用方法，可以做更多有趣的应用。HappyFinding则是引入了文件组件，讲解了如何让Excel文件一步步转换为App Inventer可以使用的数据。

第一节 群发短信自动回——HappyMsgRobot

1. 本节概要

用HappyMsgRobot设置回复内容，收到短信后，会自动回复其内容，收到的短信除了会被朗读出来之外，还可以即时转为收藏。

2. 学习要点

- 掌握使用Texting组件（短信）和TextToSpeech组件（文本转语音）；
- 明白初始化窗口Screen.Initialize事件的作用；
- 掌握使用TinyDB数据库组件。

3. 认识新模块

因为APP开发的需要，看看表5-1-1所示的一些新组件。

表5-1-1 新组件

类型	名称	用途
Texting 组件	来电文本	用于收发短信息
TextToSpeech 组件	文本转语音	语音组件TTS，可以将文本转换为语音
TinyDB 数据库组件	手机数据库	在手机保存定义的信息，退出后仍在手机中

✏ **提示**：在实例运用中，TextToSpeech 组件对中文支持度不够高，默认 Google TTS 只能朗读英文。参考建议：手机上的 TTS 设置（默认 Google）转换成中文的讯飞语音识别（或安装类似支持中文的 APP），手机便能够朗读中文了。

4．实例探究——HappyMsgRobot

HappyMsgRobot 主要实现回复短信，并朗读短信内容的功能。从图 5-1-1 中可以看到，短信测试平台向手机发送："於潜中学短信平台【选修课第五章】"，手机自动即时回复"徐老师在上 App Inventor"，演示图如图 5-1-1 所示。

图5-1-1　成功设置并收发短信（A和B）

5．界面设计与组件构成

如图 5-1-2 所示，使用一个表格布局组件用于设计界面。

图5-1-2　最终UI界面

6．组件的拖放和设置

参考图 5-1-3 中，主要拖曳新组件 Texting、TextToSpeech 及 TinyDB 数据库组件，其他组件已经比较熟悉，可做相应的设置。

第五章 个性化应用

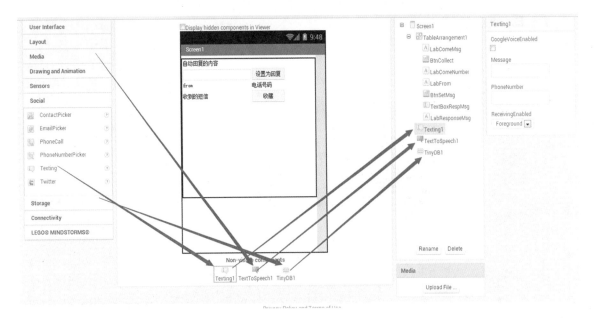

图5-1-3 组件的拖放和设置

组件清单：1个表格布局组件，4个标签，2个按钮，1个短信组件，1个文本输入框，1个文本转语音组件，1个数据库组件。界面设计和详细设置如表5-1-2所示。

表5-1-2 界面设计和详细设置

组件所属列表	组件名	属性名	属性值	说　　明
Layout	TableArrangement1	Columns	2	表格布局组件，2列4行
		Rows	4	
		Width	Fill parent	充满一样
		Height	300	高300像素
User Interface	LabComeMsg	Text	收到的短信	存放收到的短信内容
	BtnCollect	Text	收藏	收藏收到的短信
	LabComeNumber	Text	电话号码	—
	LabFrom	Text	From	记录From的号码
	BtnSetMsg	Test	设置回复	设置回复内容按钮
	TextBoxRespMsg	Text	消息输入	自动回复的内容输入框
	LabResponseMsg	Text	消息显示	自动回复的消息
Social	Texting1	—	—	来电信息组件
Media	TextToSpeech1	—	—	文本转语音（TTS）组件
Storage	TinyDB1	—	—	数据库组件

7. Blocks 编程拼接搭建

(1) 获取短信内容。

Texting1 组件有一个 MessageReceived 方法，该方法可以获得两个参数（numer、messageText），分别是短信的来电号码和短信内容，如图 5-1-4 所示。

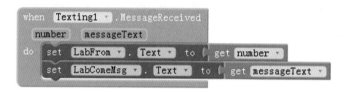

图 5-1-4　获取短信内容模块

(2) 设置回复消息并回复。

① 要回复消息的前提是先设置好要回复什么内容的消息，通过单击按钮，获取输入框的值设置为回复消息内容，如图 5-1-5 所示。

图 5-1-5　设置回复消息模块

② Texting 组件不单有 MessageReceived 方法，还有 SendMessage 方法。用于发送短信，如图 5-1-6 所示。

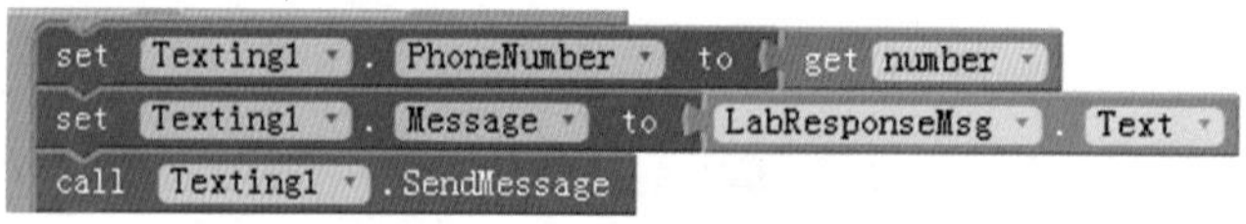

图 5-1-6　发送短信模块

(3) 朗读短信。TextToSpeech1 组件是文本转语音组件，可以朗读文本，如图 5-1-7 所示。

图 5-1-7　文本转语音模块

在朗读之前，可以对收到的短信做文本上的修饰，最后结果如图 5-1-8 所示。

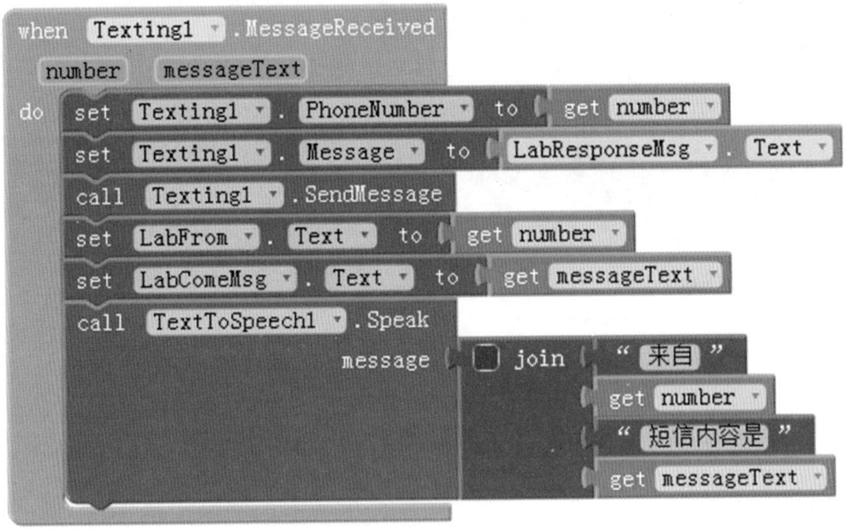

第五章 个性化应用

```
when Texting1 .MessageReceived
  number  messageText
do  set Texting1 . PhoneNumber to  get number
    set Texting1 . Message to  LabResponseMsg . Text
    call Texting1 .SendMessage
    set LabFrom . Text to  get number
    set LabComeMsg . Text to  get messageText
    call TextToSpeech1 .Speak
         message  join  " 来自 "
                        get number
                        " 短信内容是 "
                        get messageText
```

图5-1-8 修饰文本模块

（4）存储回复短信内容。虽然核心短信可以自动回复，但是小伙伴们发现：每次启动后，之前设置的自动回复都没有存下来。这个问题应该如何解决呢？ App Inventor 提供了一个很好的解决方案。TinyDB1 组件：简单数据库，可利用字段名存放数据，退出后信息不消失。

所以在 TinyDB1 组件定义了一个 RespMsg 的自定义数据名，存储如图 5-1-9 所示。

```
call TinyDB1 .StoreValue
         tag  " RespMsg "
  valueToStore  LabResponseMsg . Text
```

图5-1-9 短信存储模块

思考：虽然知道了在手机退出之后数据会保留，但再启动时如何让程序读取该数值呢？应该在什么时候读取数据？

答案：在下面的初始化窗口 Screen.Initialize 事件。

（5）初始化窗口 Screen.Initialize 事件。它是指程序的最开始阶段，即一般数据的定义和加载设置。结合上面的思考题目，读取回复消息数据的事件放在这里最合适不过了。但是读取时，仍需要做一个判断：TinyDB1 是否有数据？这里可以用字符串长度来判断。

TinyDB1 组件中读取的 RespMsg 字符串长度大于 0，有数据；否则没有。

结合起来，可以看到初始化时的代码块如图 5-1-10 所示。

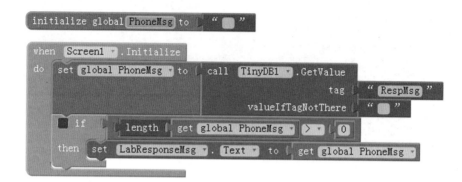

图 5-1-10　初始化代码模块

补充说明：定义一个自变量 PhoneMsg 用于读取 TinyDB1 组件中 RespMsg 字段。

（6）即时收藏刚收到的短信息。过年时，会有人发很不错的短信给你，这时可以选择直接收藏。把它转换成自动回复的祝福短信，也可以同步粘贴到文本输入框，编辑后再设置成回复类型，这样的操作是不是有点儿酷呢？

把收藏短信可以先放置到文本输入框，然后再收藏，如图 5-1-11 所示。也可以在文本输入框中略作修改，单击文本输入框进行设置。

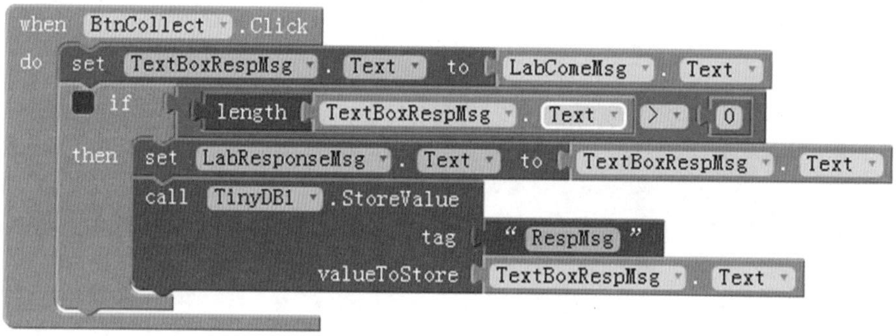

图 5-1-11　收藏短信模块

8．完整模块

完整模块如图 5-1-12 所示。

9．代码解读

本实例出现的新组件是应用性比较强的组件，涉及了 Texting 组件的收发消息模块、文本转语音模块，引入了 TinyDB 数据库组件模块，使得 App Inventor 工具的性能得到提升，本实例除了操作数据库取字符外，同时也交给大家一个如何利用字符串的长度判断是否是一个空字符串。

第五章　个性化应用

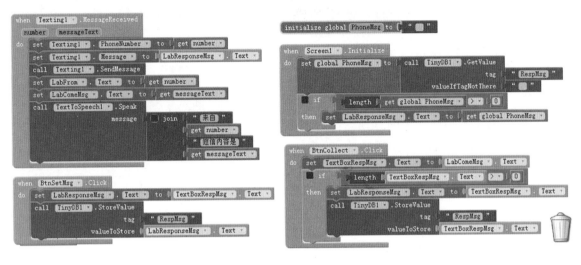

图5-1-12　完整模块

10. 测试

图 5-1-13 是利用模拟器进行测试 APP 的界面，但是如果要对 APP 进行功能测试，最好还是选用真机测试，默认 AI 只能打开一个模拟器，但是也可以通过一定的手段实现打开两个模拟器。找到 AI2 的安装路径，在 App Inventor 的安装路径下找到模拟器的打开文件，单击打开运行模拟器的批处理 run-emulator.bat，即可再打开一个模拟器。

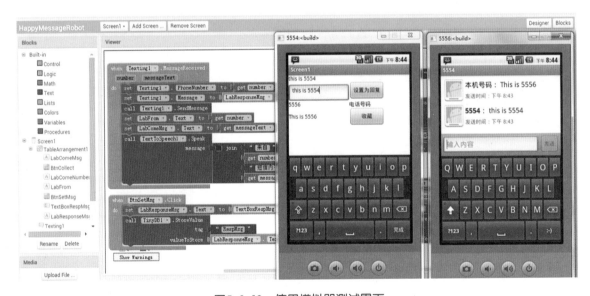

图5-1-13　使用模拟器测试界面

11. 项目的保存和导出

（1）保存项目的方法：执行 Project → Save project 命令。

(2) 导出项目的方法：执行 Project → My Projects → Export selected project (.aia) to my computer 命令。

(3) 默认下载目录："我的电脑"→"我的文档"→ Download 目录。

12．思维拓展任务

本实例实现了短信自动回复功能，但是存在一个问题，所有的信息，不管内容来自哪里，都统一设置了回复内容，而笔者想回复的是那些群发短信。如何筛选哪些是群发短信而后再进行自动回复？能否加一个开关？

第二节　校园开心问答——HappyQA

1．本节概要

本节将通过 HappyQA 的课例，结合校园的一些趣味问答，引入 List 模块的列表数据类型。针对基于列表的模块操作，制作一个校园开心问答，丰富学生所涉及的相关数据，以便制作更有趣的应用。

2．学习要点

- 自定义 List 相关数据类型并用来存放问答数据；
- 透彻理解 List 的相关操作，学会循环遍历；
- 优化程序模块数学思维，简单了解程序抽象概念；
- 单击"下一题"按钮时实现题目、图片的切换。

3．认识新模块

表 5-2-1 中 List 列表数据是 APP 的主要操作模块。

表5-2-1　List模块

类　　型	名　　称	用　　途
List	列表	用于显示问题和装载答案

4．实例探究——HappyQA

实例演示效果参考图 5-2-1 和图 5-2-2，在文本输入框里输入答案。单击"提交"按钮，画面切换成笑脸则表明题目答对；如果切换成哭脸，则单击"下一题"按钮可出现下一个题目。

第五章　个性化应用

图5-2-1　程序界面1　　　　　　　　　图5-2-2　程序界面2

5. 界面设计与组件构成

根据界面设计图 5-2-3，做好图片组件与题目和答题空间比例设置。

图5-2-3　最终UI界面

6. 组件的拖放和设置

根据图 5-2-4 所示拖拉组件，组件清单如下：1 个图片组件，1 个垂直布局组件，1 个标签；1 个水平布局组件，1 个文本输入框，2 个按钮，如表 5-2-2 所示。

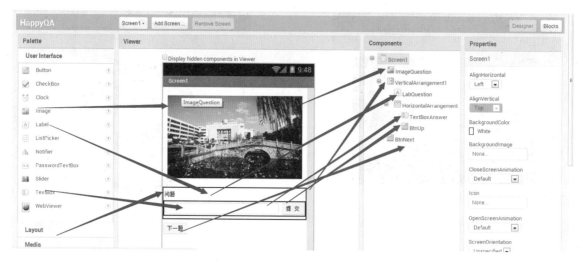

图5-2-4 组件的托放和设置

表5-2-2 界面设计和详细设置

组件所属列表	组件名	属性名	属性值	说明
User Interface	ImageQuestion	Height	300	—
Layout	Verticalarrangement1	Picture	1.png	显示背景图片
User Interface	LabQuestion	Height	10	—
Layout	HorizontalArrangement1	—	—	—
User Interface	TextBoxAnswer	Text	输入答案	—
User Interface	BtnUp	Text	提交	—
User Interface	BtnNext	Text	下一题	—

7. Blocks 编程拼接搭建

在进行搭建之前,首先回顾该应用的大致流程,如图 5-2-5 所示。

答题系统的"退出"按钮不在流程图里,流程图的描述事件流只涉及单击答题或者"下一题"按钮。

要实现课例的需求,在模块搭建中分步解决以下几个问题。

(1)题目的切换效果。切换之前要先实现数据的存储,这里使用新的数据类型 List,需要先使用相关模块自定义 List 数据,如图 5-2-6 所示。

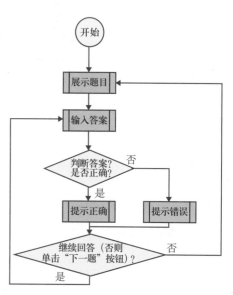

图5-2-5 应用流程图

第五章　个性化应用

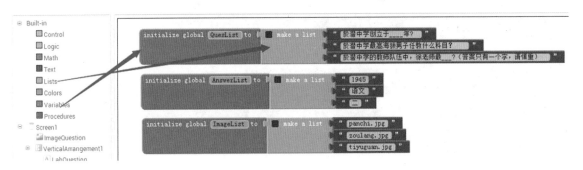

图5-2-6　自定义List数据

定义了3个List题目、答案,还有每一题的图片,3个List分别为QuesList、AnswerList和ImageList。

💡 **小知识**:ImageList存放的是图片名字字符,是事先传到资源栏里图片的文件名。

✏️ **思考**:显示问题时,为什么要避免直接输入字符?

由观察可知,虽然A和B显示的结果一样,但是在后续A方式会相当烦琐,使用了List列表之后就会比较轻松,根据List列表索引即可得到值,如图5-2-7所示。

图5-2-7　两种搭建代码方式比较

由此可知,切换题目的核心在于改变QuesList的索引。定义一个变量,初始值为1,切换的时候索引值+1即可。定义变量如图5-2-8所示。

图5-2-8　定义变量

问题1:在切换时,需要对上一题的显示答案组件做什么操作?

在改变当前题目的题干即LabQuestion的值为当前列表的值时,把上一次的答案TextBoxAnswer值设为空字符,如图5-2-9所示。

问题2:索引一直累加存在什么问题?错误界面如图5-2-10所示。

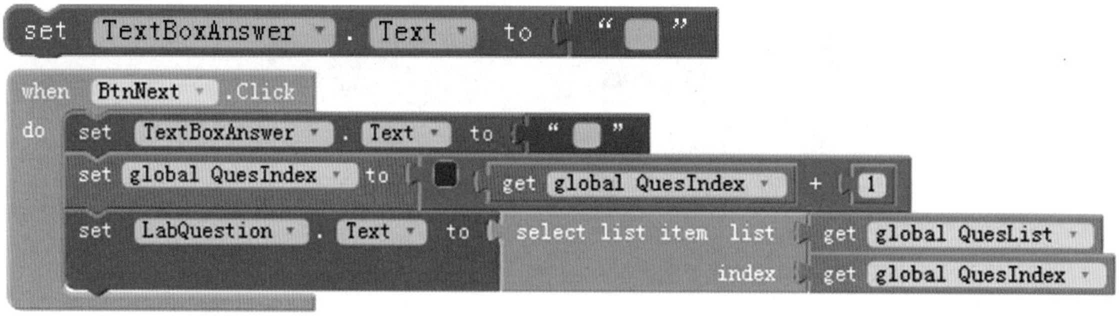

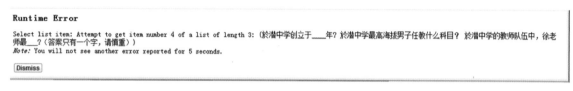

图5-2-9 设置TextBoxAnswer值为空字符

```
Runtime Error
Select list item: Attempt to get item number 4 of a list of length 3: (於潜中学创立于____年? 於潜中学最高海拔男子任教什么科目? 於潜中学的教师队伍中, 徐老师最___?（答案只有一个字，请慎重）)
Note: You will not see another error reported for 5 seconds.
Dismiss
```

图5-2-10 错误界面

 思考：因为索引值一直在增大，当超出了列表长度时程序会报错，所以需要在最高值时做什么操作呢？

答案：判断是否超出问题列表的问题数，如果是则索引号就降为1。

这样切换效果就没有问题，图片的切换也是如此，如图 5-2-11 所示。

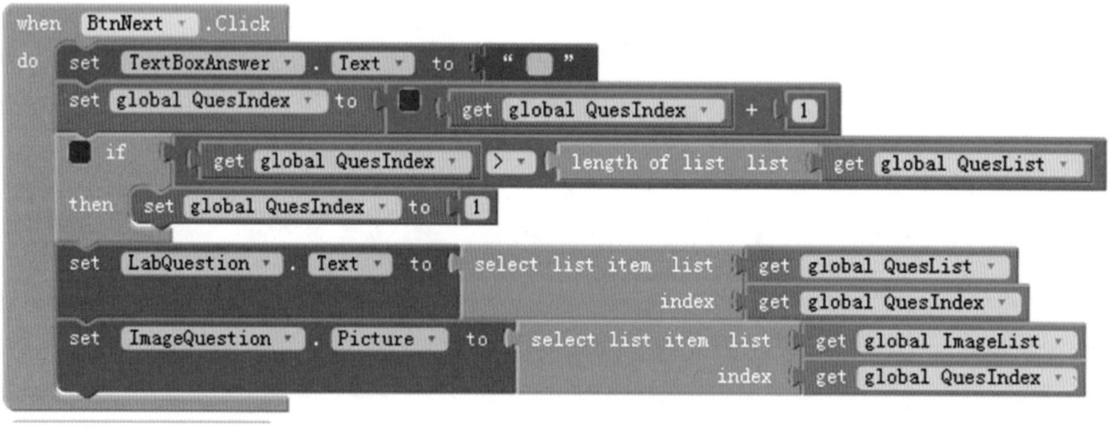

图5-2-11 图片切换

（2）题目的判断。题目的判断就是一个字符的比较过程，这里用数学中的比较模块即可。在解决了之前的索引问题之后，这个模块的设置就相对轻松多了。为了让输入的答案有结果，以哭脸和笑脸的形式呈现。模块和示例如图 5-2-12 所示。

第五章 个性化应用

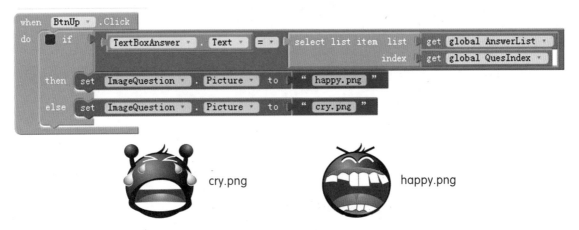

图5-2-12 模块和示例

8. 完整模块

完整模块如图 5-2-13 所示。

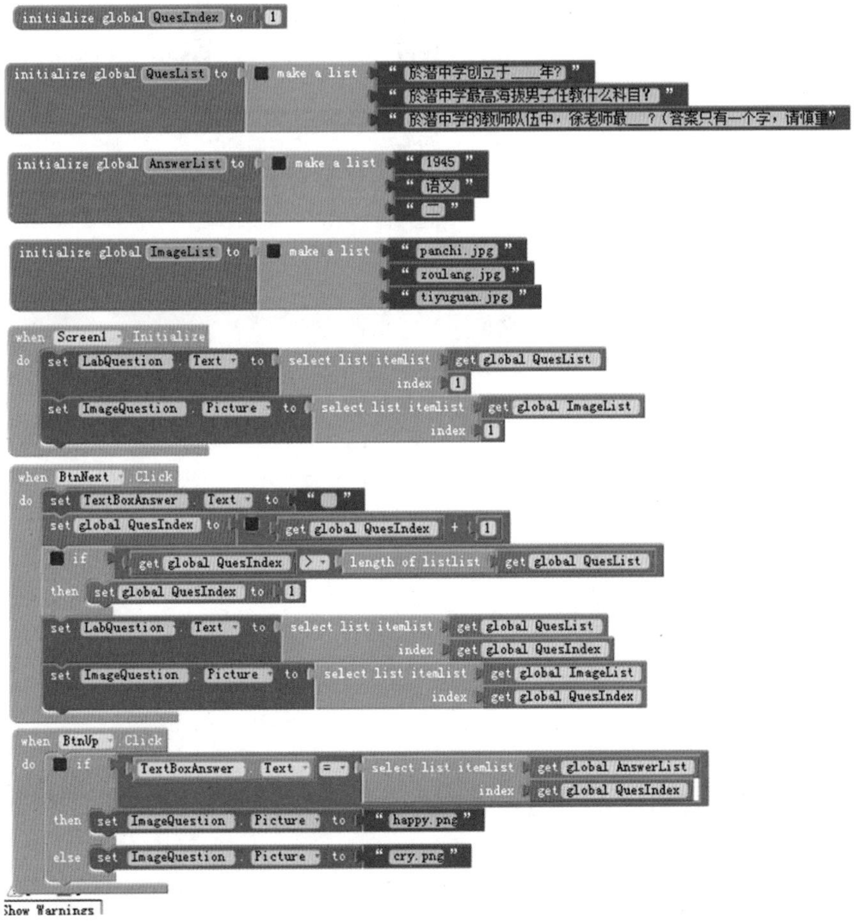

图5-2-13 完整模块

9. 代码解读

本实例主要涉及定义 List 数据，以数学方式让 List 索引值形成循环遍历（最大值时降为1），用到了取 List 长度的模块。初始化第一题后，每次单击"下一题"按钮则切换到下一题。

10. 测试

使用模拟器对 APP 进行测试，测试界面如图 5-2-14 所示。

图 5-2-14　使用模拟器测试界面

11. 项目的保存和导出

（1）保存项目的方法：执行 Project → Save project 命令。

（2）导出项目的方法：执行 Project → My Projects → Export selected project (.aia) to my computer 命令。

（3）默认下载目录："我的电脑"→"我的文档"→ Download 目录。

12. 思维拓展任务

（1）完善课例，美化界面，加入"上一题"按钮。

（2）加强答题模式，限时、限制错误次数。

第三节　开心查找——HappyFinding

1. 本节概要

本节涉及将 Excel 文件保存为 CVS 格式，再转化成 UTF-8 文本格式操作。使用列表对象 List 加载读取文件,下拉列表的自动建立,最终实现可根据不同关键字进行查找的目的。

2．学习要点

- 如何将 Excel 文件转换成可调用的 UTF-8 文本格式；
- 文件组件、下拉列表组件的使用；
- 文件打开操作与载入、关键字列表初始化的操作；
- 根据关键词查找匹配、显示查找结果。

3．实例探究——HappyFinding

实例演示效果参考图 5-3-1 至图 5-3-4,主要实现以下功能。

（1）打开文件并载入。

（2）可以根据相应的关键字段输入相应关键字进行查找。

（3）提示是否查找成功,如果成功,给出找到的数据项；如果不成功,提示查找不成功。

图5-3-1　程序界面1

图5-3-2　程序界面2

图5-3-3　程序界面3

图5-3-4　程序界面4

4．文件的转换

首先拿到的是一份 Excel 的文件,里面包含了学生一卡通信息。现在通过一系列操作把它转换成可用格式，传入 APP 的资源库中（参考图 5-3-5）。

(1) 把文件转换成 CVS 格式。

(2) 将文件后缀名 cvs 直接修改成 txt。

(3) 用文本编辑器打开，并另存为 UTF-8 的 txt 格式。

图5-3-5　APP资源库

(4) 上传文件至 Media 资源库。

5. 界面设计与组件构成

在图 5-3-6 所示的界面设计中主要应注意下拉菜单 Spinner、文件操作组件 File 模块的使用。

图5-3-6　最终UI界面

6. 组件的拖放和设置

下拉菜单列表 Spinner1 的初始值为空，不显示任何元素，所以下拉菜单列表的元素要通过模块进行添加，也可以直接使用列表作为下拉菜单的元素，那么下拉菜单的各个单元就是 List 列表的各个元素。

✏️ 提示：使用 File 文件组打开文件，需要添加路径＋资源名，这在后面会详细介绍。

如图 5-3-7 所示，组件清单如下：2 个水平布局控件；1 个水平控件目录下有 2 个按钮组件；1 个水平控件目录下有 1 个下拉列表控件、1 个 TextBox 组件、1 个按钮组件；1 个表格布局控件下有标签控件（待扩展）、1 个文本组件。详细设置可参考表 5-3-1 所示。

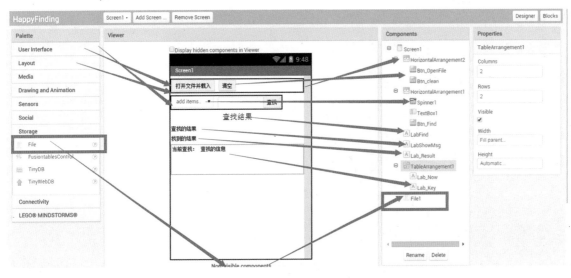

图5-3-7　组件的拖放和设置

表5-3-1　界面设计和详细设置

组件所属列表	组　件　名	属性名	属性值	说明
Layout	HorizontalArrangement2	Width	Fill parent	紧挨上层组件
User Interface	Btn_OpenFile	Text	打开文件并载入	标签文本
	Btn_clean	Text	清除	—
Layout	HorizontalArrangement1	Width	Fill parent	紧挨上层组件
User Interface	Spinner1	—	—	下拉列表
	TextBox1	Text Hint	输入关键字	—
	Btn_Find	Text	查找按钮	—
	LabFind	Text	查找结果	标题
	LabShowMsg	Text	查找结果	显示找到没有
	Lab_Result	Text	显示详细信息	找到的详细信息
Layout	TableArrangement1	Width	Fill parent	紧挨上层组件
		Columns	2	水平可放 2 个组件
		Row	2	垂直可放 2 个组件
User Interface	Lab_Now	Text	当前查找	—
	Lab_Key	Text	关键字信息	显示关键字信息
Storage	File1	—	—	文件组件

7. Blocks 编程拼接搭建

根据导入文件的关键字字段,根据需要查找的数据,简单地使用了 5 个自定义变量。用在下拉菜单构建中,如图 5-3-8 所示。

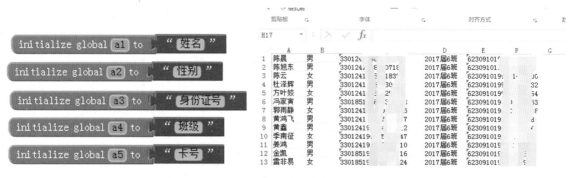

图5-3-8　自变量对应的各个数据列

在图 5-3-9 中,根据需要定义了不同的列表,用于查找实现功能的使用。

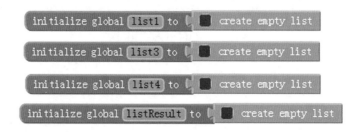

图 5-3-9　列表定义

list1—读取文件的总列表；list3—下拉菜单的关键字生成列表；list4—查找读取列表；listResult—关键字查找到的结果列表

此外,定义了一个 find 变量,用于表示是否找到,index 变量用于确定使用的是哪个关键字,如图 5-3-10 所示。

图5-3-10　定义变量1

定义 sum 为 list1 表的总数据条目数,num 变量用于遍历 list1 列表,如图 5-3-11 所示。

图5-3-11　定义变量2

那么接下来,就来分步详细地讲解查找的模块拼接。

（1）Btn_OpenFile 打开文件。如前文所述，打开文件，需要用到文件读取，上传资源的 fileName 参数上需要添加固定路径，与之前的资源引用不一样，需要写成"/AppInventor/assets/data2.txt"的形式，直接应用 data2.txt 将无效，这是文件组件的特殊之处，如图 5-3-12 所示。

图 5-3-12　打开文件

文件加载时会触发一个文件的文本读取操作，这时可以把文本数据加载到 list1，以备程序后续操作，如图 5-3-13 所示。

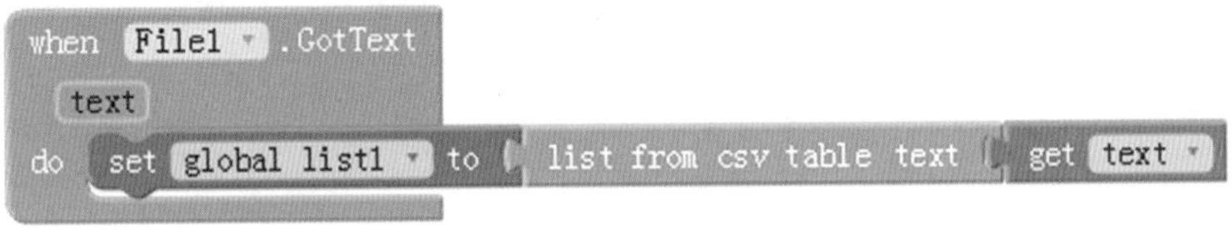

图 5-3-13　文本读取操作

在打开与加载完文件的同时，完成 list3 的列表建立，把它加载到下拉菜单列表中，如图 5-3-14 所示。

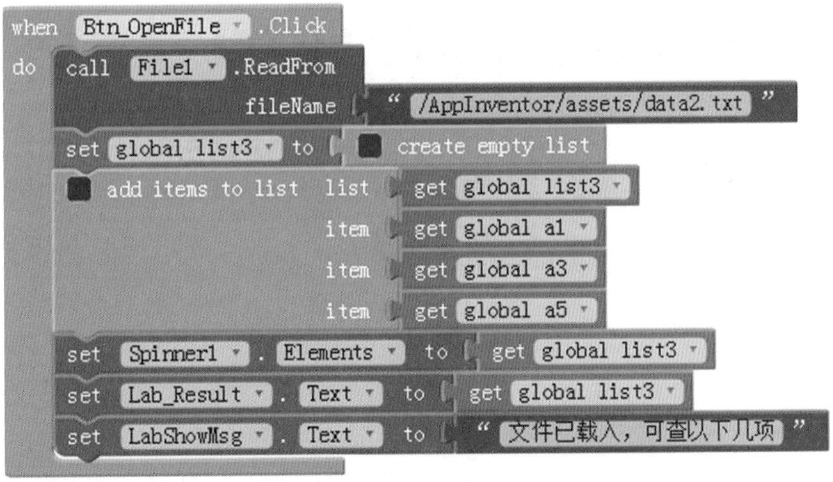

图 5-3-14　将 list3 加载到下拉菜单列表中

（2）下拉列表的选择。下拉列表选择不同的关键字，需要设定不同的关键字类来查找，以 list4 列表为一行数据，姓名在 list4 的第 1 项，身份证是 list4 列表的第 3 项，卡号是第 5 项，所以需要用 index 来存储是第几个关键字，取哪个关键字与之比较，即选择哪个关键字就改变 index 的值，如图 5-3-15 所示。

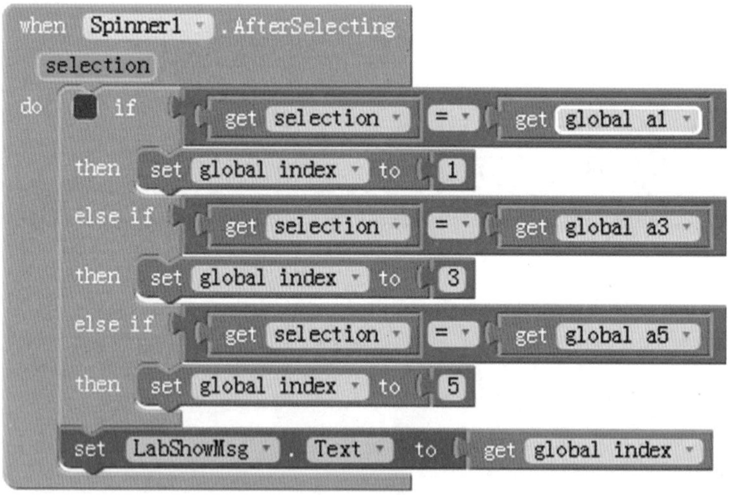

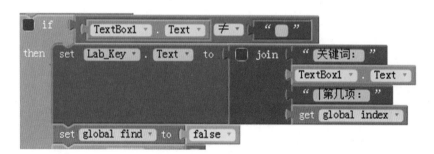

图 5-3-15 下拉列表的选择

（3）单击"查找"按钮、触发查找事件。当单击"查找"按钮时，先判断文本输入框里是否输入了关键字（让查找值非空），如果为空值就不执行其他模块；确认非空之后，先输出关键字与第几项关键字等查找信息，并把查找结果值设置成 false，准备查找，如图 5-3-16 所示。

图 5-3-16 查找事件

查找策略如下。

查找的思路是 num 从 1 到 list1 总条目数（sum 变量）来遍历。取 list1 总表的一条信息，一条信息包含了 5 个字段，根据输入的是第几个字段来决定取该条信息的第几个字段与关键字比较。如果该字段包含了查找的关键字，则认为信息查找到，改变条件退出查询。如果该条信息不是则进入下一个字段。查至最后，查询条数 num 超过总条目，则判断为没有找到，显示没有查找到相关信息，如图 5-3-17 所示。

这时需要加入一个 while-do 循环模块，注意防止死循环发生，如图 5-3-18 所示。test 即循环查找的条件需满足"信息没有找到并且当前查找条目小于总条目"。

图 5-3-17　查找策略　　　　　　　　　　　图 5-3-18　防止死循环

① num 变量从小到大遍历 list 列表，每次取出 list 列表的一条存放到 list4 中，如图 5-3-19 所示。

图 5-3-19　将list列表中数据存放到list4中

② 根据 list4 列表（list1 的一条子记录）中的 index 值取出该元素与输入的关键字进行匹配，contains 字符处理函数的作用是比较 list4 的 index 个字段是否包含了输入的关键字。如果包含了关键字，就将 find 关键字修改成 true 状态（遍历提前结束），如图 5-3-20 所示。

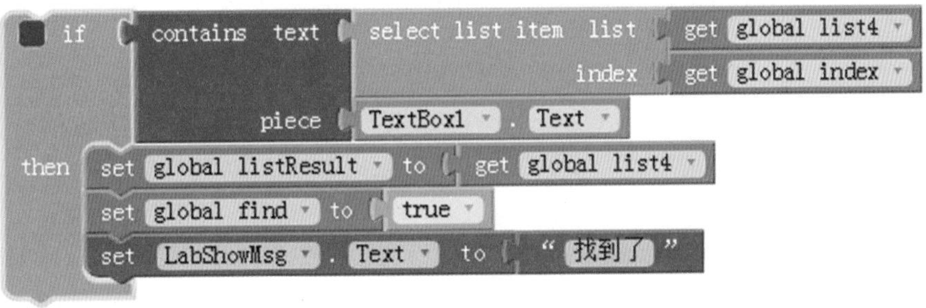

图 5-3-20　查看list4中是否包含输入的关键字

③ 将判断模块放入 while-do 模块中，如图 5-3-21 所示。

最后，可以通过判断 find 的值，最终判定是否找到。如果找到，则输出结果；否则输出"查找不到相关信息"，如图 5-3-22 所示。

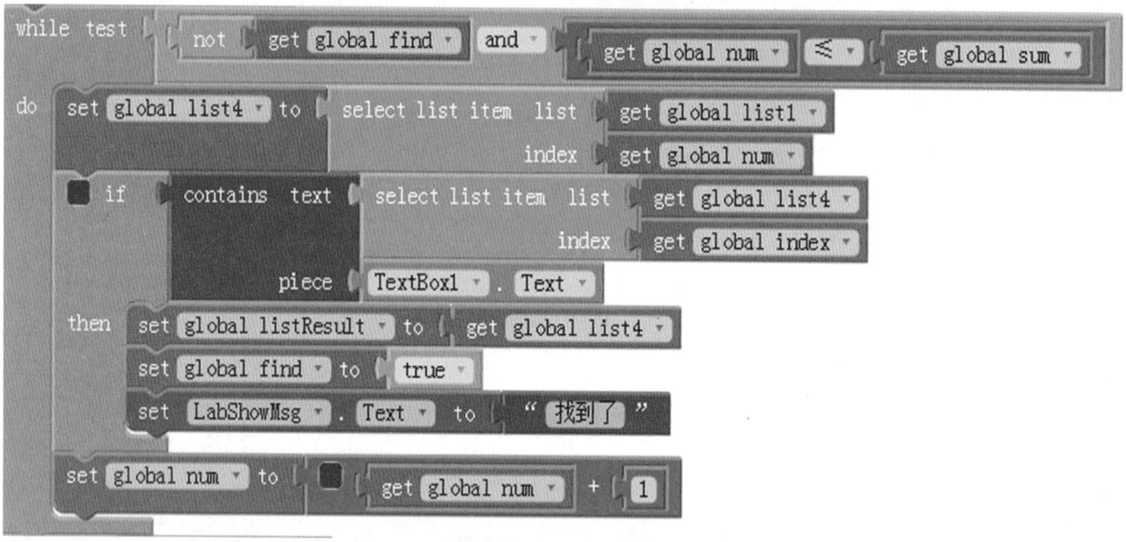

图 5-3-21 将判断模块放入while-do模块中

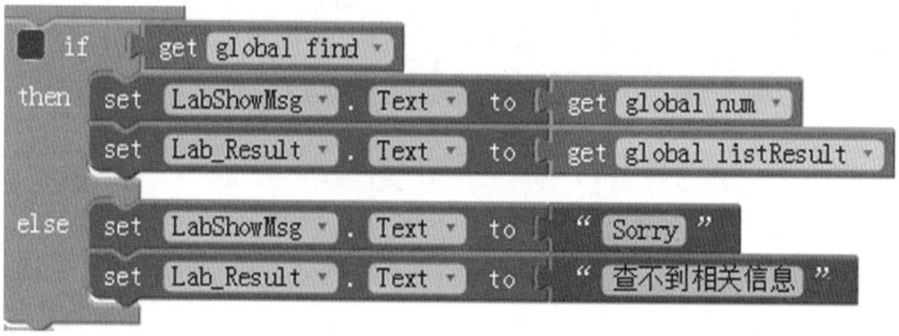

图 5-3-22 判断find值并输出结果

（4）Btn_Find 的完整代码。综合以上讲解，单击 find 按钮的完整模块就是查找策略中的完整显示，具体完整的模块如图 5-3-23 所示。

（5）Btn_clean 模块。最后，增加了一个清除按钮，实现相关信息的清除，模块参考图 5-3-24。

8. 完整模块

完整模块如图 5-3-25 所示。

9. 代码解读

本实例主要涉及了文件的转换和导入，关键字段的定义需要有一定的理解能力，对列表对象需要有一个清晰的理解。

在查找方面，主要是根据输入的关键字遍历查找的使用。

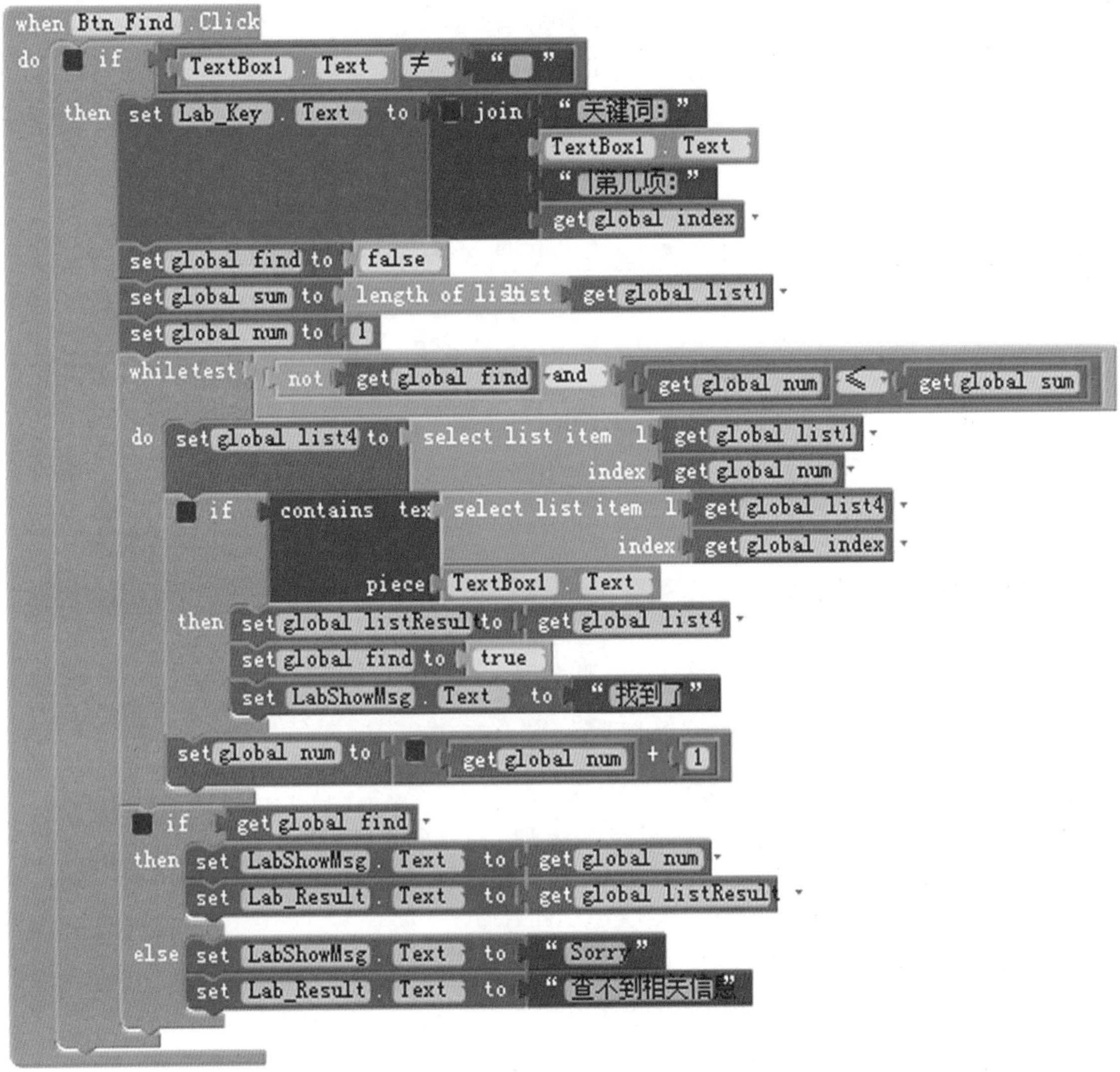

图 5-3-23　具体完整模块

图 5-3-24　Btn_clean模块

10．测试

使用模拟器对 APP 进行测试，测试界面如图 5-3-26 所示。

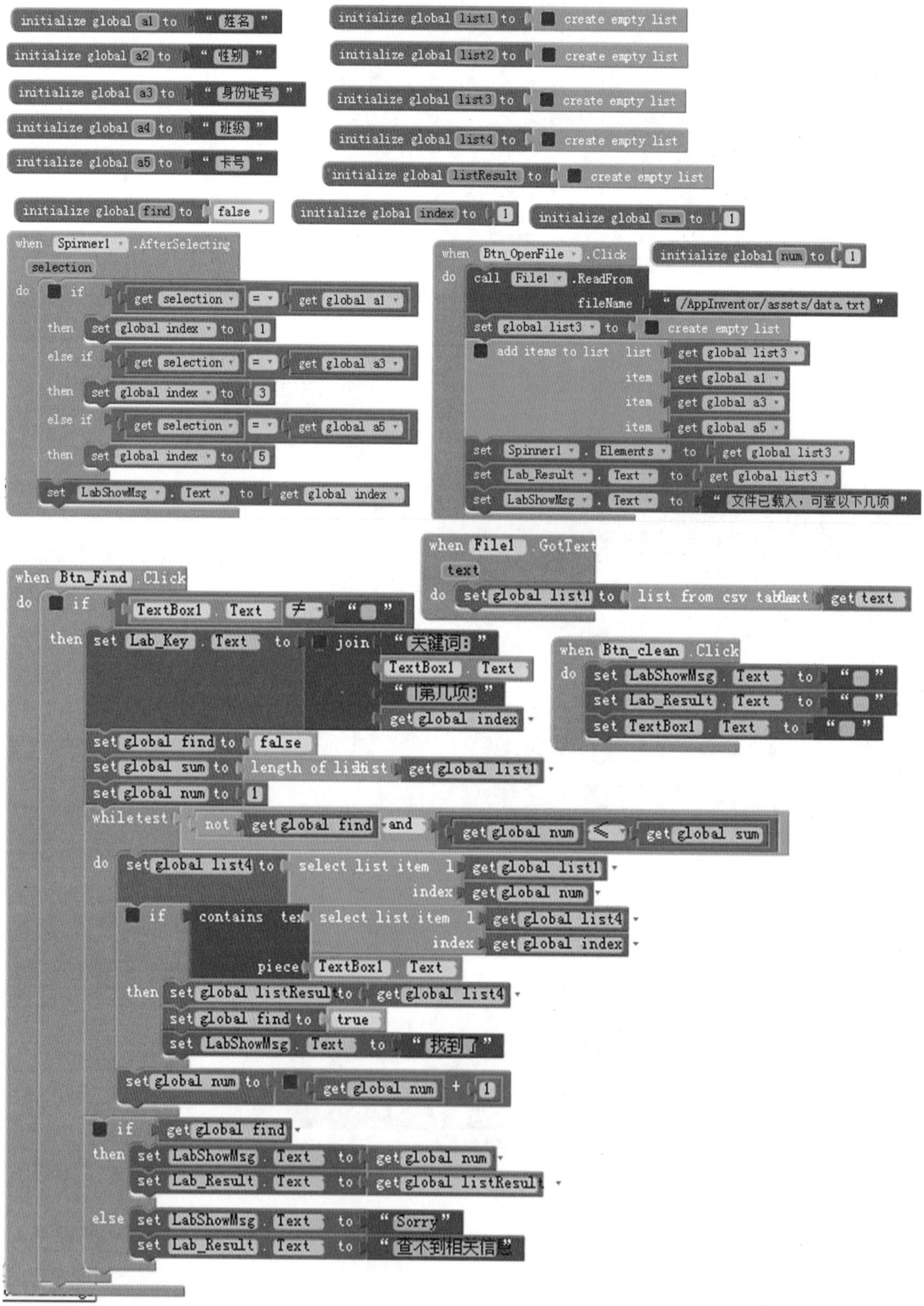

图5-3-25 完整模块

第五章 个性化应用

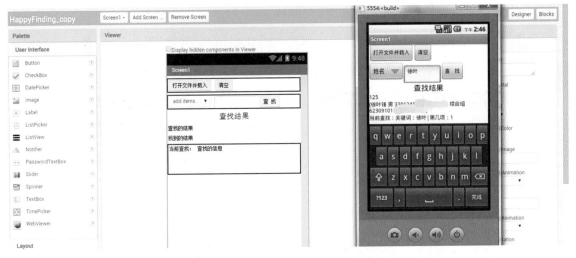

图5-3-26　使用模拟器测试界面

11. 项目的保存和导出

（1）保存项目的方法：执行 Project → Save project 命令。

（2）导出项目的方法：执行 Project → My Projects → Export selected project (.aia) to my computer 命令。

（3）默认下载目录："我的电脑"→"我的文档"→ Download 目录。

12. 思维拓展任务

（1）使界面设计更加人性化一点、操作提示更加简洁。

（2）当数据条目足够多，出现找不到信息现象，但是程序依然还是要一条一条往下找，思考如何提高查找的效率问题。

第四节　青春记忆——HappyCamera

1. 本节概要

本节涉及摄像头组件的调用，利用拍摄图片与自带图片，结合 Canvas 组件绘图，调用 Canvas 的图片保存方法保存图片。使用了一个列表控件保存处理图片之后文件存放的路径信息，并把列表存放在 Tiny 数据库，以便下次查看。

2. 学习要点

- 摄像头组件的使用；
- 下拉列表组件的使用；
- 图片文件数据库的存储与查看。

3. 实例探究——HappyCamera

如图 5-4-1 至图 5-4-4 所示，实例演示如下：打开照相机并拍摄图片，涂鸦保存。可以通过下拉列表查看已经保存的文件，在退出程序后下次打开列表图片依然存在。

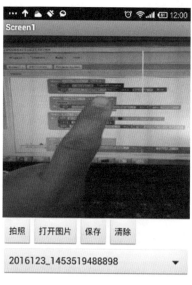

图5-4-1　拍摄图片1

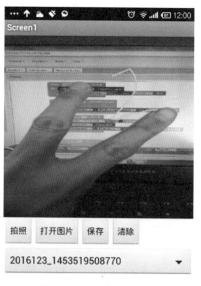

图5-4-2　拍摄图片2

图5-4-3　打开文件

图5-4-4　打开图片列表

4. 界面设计与组件构成

在本实例设计中，需要放入摄像头组件，利用 Canvas 组件对图片进行显示，结合列表和数据库组件，实现文件保存读取操作，界面设计如图 5-4-5 所示。

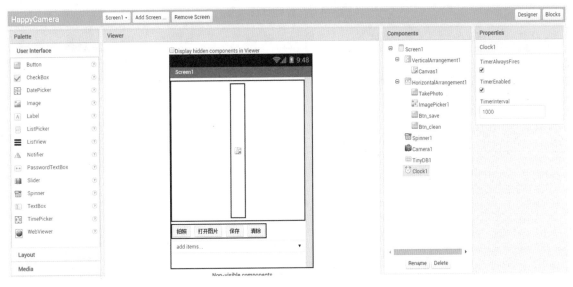

图5-4-5 最终UI界面

5. 组件的拖放和设置

如图 5-4-6 所示,根据项目需要拖曳相应组件并进行设置。

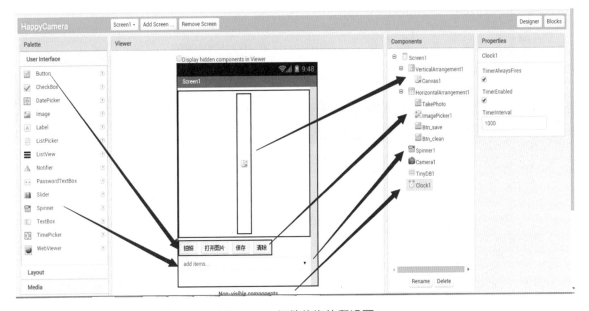

图5-4-6 组件的拖放和设置

组件清单:1个垂直布局控件下有1个Canvas组件用于显示图片,居中定位;1个水平布局控件下有4个按钮,1个下拉菜单,1个数据库组件,1个计时器组件。界面设计和详细设置如表5-4-1所示。

表5-4-1 界面详细设置

组件所属列表	组件名	属性名	属性值	说明
Layout	VerticalArrangement1	AlignHorizontal	Center	垂直布局组件,元件居中
		Width	Fill parent	充满
		Height	300 像素	高度定为 300
Drawing and Animation	Canvas1	Width	Auto	宽度、高度自动设置
		PaintColor	Orange	涂鸦线,默认橙色
Layout	HorizontalArrangement1	—	—	水平布局组件,自动设置
User Interface	BtnTakePhoto	Text	拍照按钮	—
Media	ImagePicker1	Text	打开文件	—
User Interface	Btn_save	Text	保存	—
	Btn_clean	Text	清除	—
	Spinner1	—	—	文件选择列表
Media	Camera1	—	—	摄像头
Storage	TinyDB1	—	—	数据库
User Interface	Clock1	—	—	时钟控件

6. Blocks 编程拼接搭建

自定义变量如下。

根据需要定义几个变量,变量定义如图 5-4-7 所示,TakeTime 和 NowTime 主要用于保存文件;FileList 用于存储文件路径,如图 5-4-7 所示。

图5-4-7 自定义变量

TakeTime—拍照时间;NowTime—生成时间;FileList—文件列表(保存图片路径)

(1)拍照显示、打开图片显示。单击"拍照"按钮,调用摄像头组件的拍照方法,把拍好选定的照片显示在 Canvas 上。设置自定义变量 TakeTime 为当前时间,如图 5-4-8 所示。

图5-4-8 设置自定义变量TakeTime为当前时间

设置 Canvas 的背景图片为拍照选定后的 image 对象，如图 5-4-9 所示。

图5-4-9　设置Canvas的背景图片为拍照选定的image对象

（2）图片的涂鸦与存储。为了让保存的照片更好玩，设置了 Canvas 的涂鸦操作，可简单涂鸦画线、自由画线，颜色默认设置为橙色。模块设置为跟随滑动的路径画线，如图 5-4-10 所示。

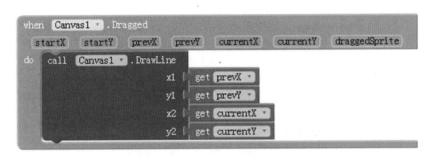

图5-4-10　跟随滑动的路径画线

界面如图 5-4-11 所示，数字 1、3 为涂鸦。

图5-4-11　拍照、打开图片显示

图片的保存方法如下。

为了让图片可以保存下来，使用列表 FileList 用来保存存储手机图片的路径（非图片文件）。存储的图片使用的是 Canvas 存储图片的方法，如图 5-4-12 所示，默认保存位置为内存根目录。

图5-4-12　图片保存方法

提示：fileName 参数文件名必须以图片类型结尾（图片格式为 .jpg 或 .png）。

保存文件名如下。

知道了图片文件的保存方法，接下来需要考虑的是文件名的保存。这里用计时器组件用于产生文件名，取年、月、日及系统时间（毫秒数），这样就避免了保存文件名重复的问题。同时，可以从文件名上看出这个文件的日期等基本信息，如图 5-4-13 所示。

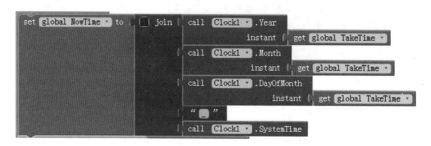

图5-4-13　用计时器组件产生文件名

把产生的文件名 NowTime 存入文件列表如图 5-4-14 所示。

图5-4-14　将文件名存入文件列表

利用产生的 NowTime 字符串完成图片保存和数据库字段保存，主要分为两步。
① 调用 Canvas 的保存图片的方法存储 NowTime.jpg，如图 5-4-15 所示。

图5-4-15　存储NowTime.jpg

② 调用 TinyDB 的存储 NowTime 字段值，如图 5-4-16 所示。

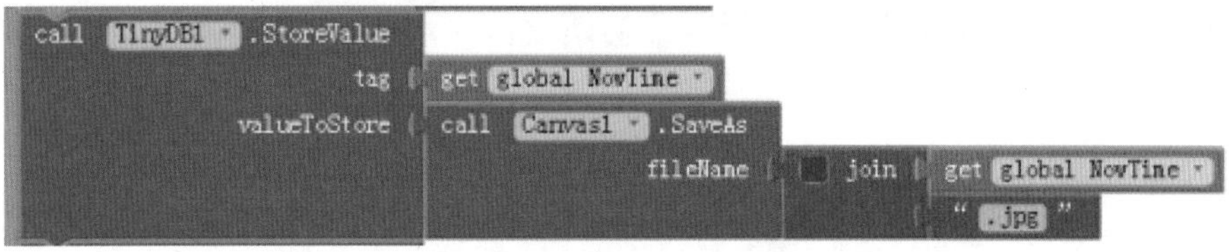

第五章　个性化应用

图5-4-16　调用TinyDB的存储NowTime字段值

> 提示：NowTime 字段：NowTime.jpg 文件的路径。

文件列表存入数据库，把 FileList 存储在 List 字段，如图 5-4-17 所示。

图5-4-17　将FileList存储在List字段

将文件列表设置成下拉菜单的元素，如图 5-4-18 所示。

图5-4-18　将文件列表设置成下拉菜单的元素

（3）下拉列表的选择。

打开选择列表时，调用数据库，选择相应存储的图片路径，并把它显示在 Canvas 上，如图 5-4-19 所示。

图5-4-19　在下拉列表中选择图片

（4）Btn_clean 按钮清除文件列表与屏幕初始化。

① 清除操作，如图 5-4-20 所示。

- 清空文件列表；
- 清空数据库；
- 清空Canvas的背景；
- 重置下拉列表。

图5-4-20　清除操作

② 屏幕初始化。判断数据库已有文件存储列表，如果非空，说明之前有存储，则调用取值方法读取该存储列表并把它转换成下拉菜单命令，如图 5-4-21 所示。

图5-4-21　屏幕初始化

7. 完整模块

完整模块如图 5-4-22 所示。

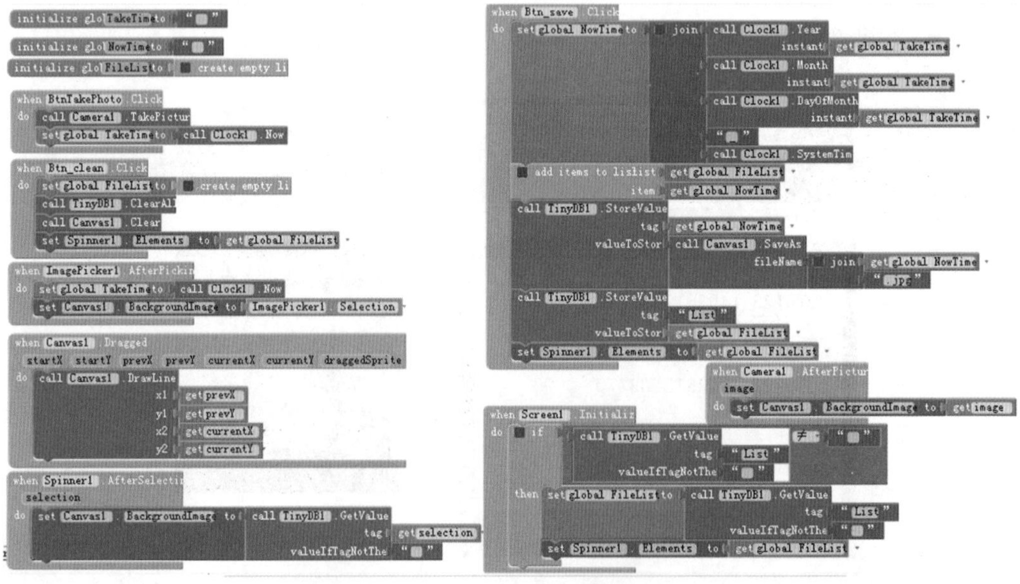

图5-4-22　完整模块

第五章　个性化应用

8．代码解读

本实例主要利用摄像头组件拍照,涂鸦留存,下次启动时可以通过下拉菜单重新打开,还具有清除列表等辅助操作功能。

9．测试

使用模拟器对APP进行测试,测试界面如图5-4-23所示。

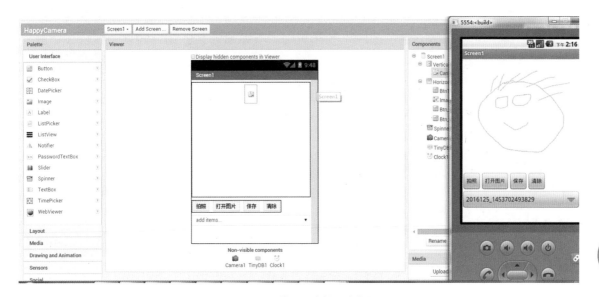

图5-4-23　使用模拟器测试界面

提示：摄像头组件使用模拟器无法测试,所以测试时最好选择手机测试。

10．项目的保存和导出

(1) 保存项目的方法：执行 Project → Save project 命令。

(2) 导出项目的方法：执行 Project → My Projects → Export selected project (.aia) to my computer 命令。

(3) 默认下载目录："我的电脑" → "我的文档" → Download 目录。

11．思维拓展任务

(1) 可以增加一个输入密码的环节,增强隐私性。

(2) 对于列表内容可以增加更多的功能,如单张图片的修改、保存。

(3) 增加一些涂鸦拓展功能,如颜色和线条的选择。

本章总结

本章内容的难度加深，需要一定的学习基础。这一章第一节讲了如何利用手机的自动回复功能来制作APP，是真机应用级APP。第二节以校园问答APP的形式来熟悉列表对象的使用，可以引领学生投入更复杂、有趣的问答应用开发。第三节是利用Excel的文件通过一些转换操作变成可以被APP查找所用的数据源。第四节是摄像头组件与Canvas结合图片来制作应用。本章所涉及的组件较新，模块设计会更加复杂一些。

第六章　网络综合拓展

本章主要讲解网络数据组件的基本使用。HappyTinyWebDB 是网络数据库 TinyWebDB 的使用。HappyWebJson 是利用 Web 组件完成百度天气 API 接口的数据获取，并对接收到的信息进行解析和显示。HappySnake 是一个比较综合性的例子，详细地说明了经典游戏"贪吃蛇"的基本实现方法。最后用网络数据库完成了一个高手榜的功能。

第一节　玩转网络数据库——HappyTinyWebDB

1．本节概要

本节结合了网络与数据库的元素，在网络连接下，如何调用网络数据库为自己所用，以及网络数据库简单存储和取值调用的方法。

2．学习要点

- Tiny 网络数据库的基本了解；
- Tiny 网络数据库的连接、存储和取值基本操作。

3．实例探究——HappyTinyWebDB

TinyWebDB 是 TinyDB 数据库的网络版。因为本地版数据库只能存在手机中，换了手机数据就不能保留。而使用 TinyWebDB 网络数据库，可以让数据在网络"云"端漫步。本课例参考了"新浪老巫婆"介绍的网络数据库的例子。

参考网址：http://blog.sina.com.cn/s/blog_62218b990102v89t.html。

网络数据库的简单使用分为存储和取值操作。演示图如图 6-1-1 至图 6-1-3 所示。

4．界面设计与组件构成

界面按功能实现分为存值部分和取值部分，如图 6-1-4 所示。

5．组件的拖放和设置

根据设计，结合图 6-1-5 对相应组件进行拖拉放置。

图6-1-1 程序界面1

图6-1-2 程序界面2

图6-1-3 程序界面3

图6-1-4 最终UI界面

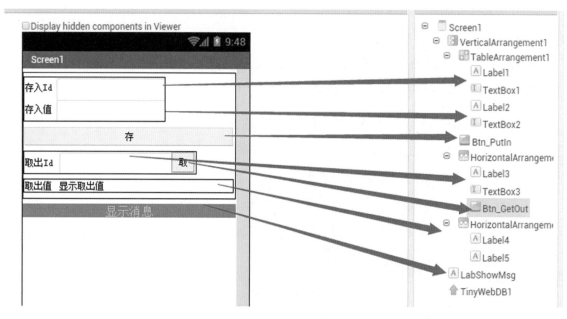
图6-1-5 组件的拖放和设置

将存储选项列表（Storage）拖入TinyWebDB控件（新组件），如图6-1-6所示。

第六章 网络综合拓展

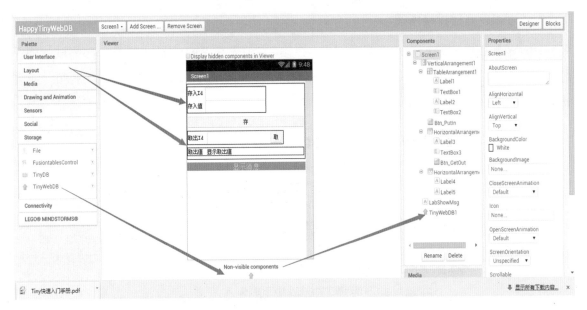

图6-1-6 将存储选项列表拖入TinyWebDB控件

界面设计和详细设置如表 6-1-1 所示。

表6-1-1 界面设计和详细设置

组件所属列表	组件名	属性名	属性值	说 明
Layout	VerticalArrangement1	Width	Fill parent	紧挨上层组件
	TableArrangement1	Columns	2	表格式布局组件2行2列共4个
		Rows	2	
User Interface	Label1	Text	存入 Id	—
	TextBox1	—	—	默认值
	Label2	Text	存入值	—
	TextBox2	—	—	默认值
	Btn_PutIn	Text	存	—
Layout	HorizontalArrangement1	—	—	—
User Interface	Label3	Text	取出 Id	—
	TextBox3	—	—	默认值
	Btn_GetOut	—	—	—
Layout	HorizontalArrangement2	—	—	水平布局组件
User Interface	Label4	—	取出值	—
	Label5	—	显示取出值	—
	LabShowMsg	—	—	—
Storage	TinyWebDB1	—	—	网络数据库组件

在界面设计环节，着重以实现TinyWeb数据库的功能为主。在美观效果上相对弱化一些，但其实 UI 的设计对于手机是相当重要的，也是不可或缺的一部分，只是限于教程的重点，这里选择弱化。

6. Blocks 编程拼接搭建

TinyWeb 数据库的链接：网络数据库，在连接之前先在 Web 页面上进行一些测试（确保可用），而测试的地址就是手机 APP 的链接地址，如 http://tinywebdb.17coding.net:8080（或者 http://tinywebdb.17coding.net：），如图 6-1-7 所示。

图6-1-7　TinyWeb数据库的链接

连接网络数据库（TinyWebDB）：使用设置网络数据库组件的 ServiceURL 参数来链接网址，如图 6-1-8 所示。

图6-1-8　链接网址

> 提示：http://tinywebdb.17coding.net 也是可用的，要完全确保可用，最好自行搭建。

（1）修改 Btn_PutIn 的 Click 事件。

参考图 6-1-9，获得 TextBox1 和 TextBox2 组件的 Text 值，调用 TinyWebDB1 组件的存值方法，把值存储下来。

图6-1-9　修改Btn_PutIn的Click事件

> 💡 **提示**：如果没有该 tag（标记），需创建一个；如果已经有了 tag，只简单覆盖即可。

(2) 修改 Btn_GetOut 的 Click 事件。

参考图 6-1-10，从 TextBox3 对象中获取标记，调用取值方法。调用取值方法时，会触发网络数据库取值方法，在该方法中判断是否能正常取值，如图 6-1-11 所示。

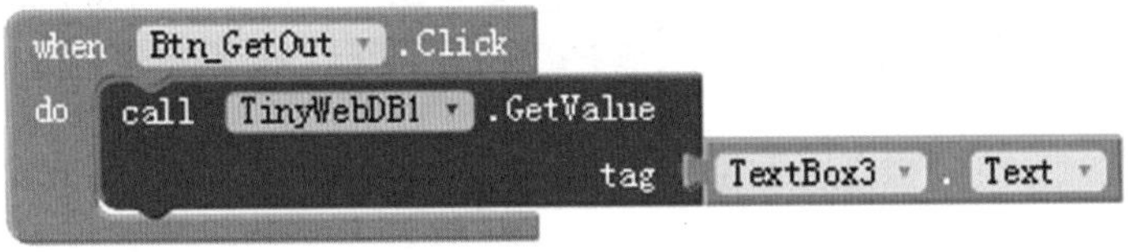

图6-1-10　修改Btn_GetOut的Click事件

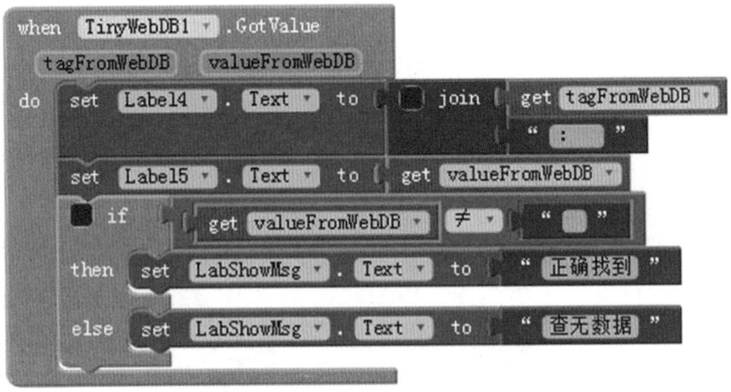

图6-1-11　判断是否能正常取值

(3) 处理异常情况，给出异常信息。在网络情况下，有可能会因为网络环境不稳定或其他网络问题而出现一些连接错误，此时可使用标签来显示相应的错误信息，如图 6-1-12 所示。

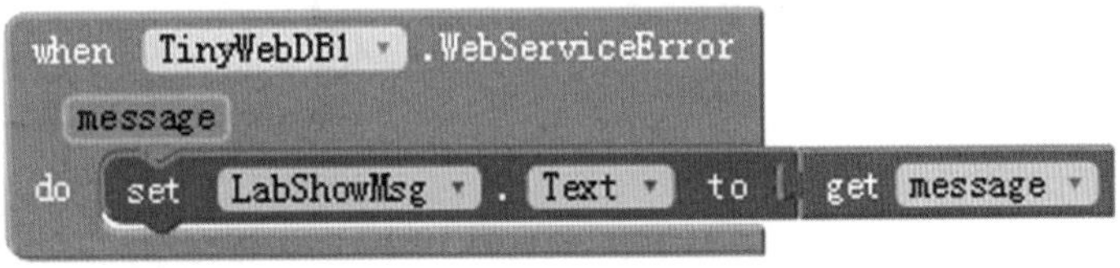

图6-1-12　使用标签显示错误信息

7. 完整模块

完整模块如图 6-1-13 所示。

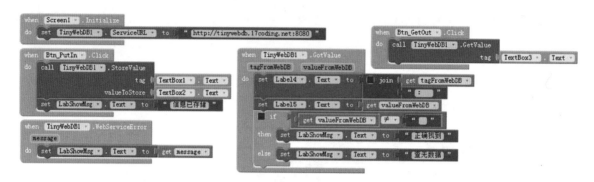

图6-1-13　完整代码

8. 代码解读

本实例主要探讨基于网络数据库（TinyWebDB）的使用，涉及了网络数据的链接、存储、取值。对于网络数据库取值异常也做了提示信息处理。

9. 测试

使用模拟器对 APP 进行测试，测试界面如图 6-1-14 所示。

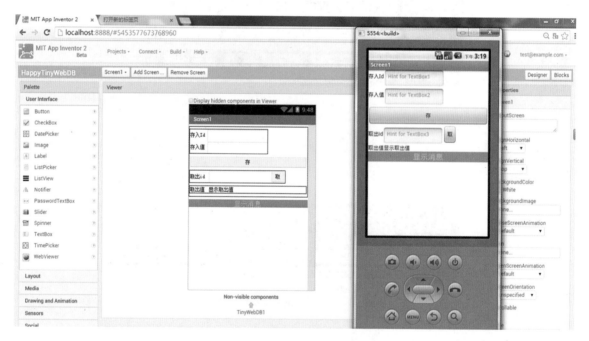

图6-1-14　使用模拟器测试界面

10. 项目的保存和导出

（1）保存项目的方法：执行 Project → Save project 命令。

（2）导出项目的方法：执行 Project → My Projects → Export selected project (.aia) to my computer 命令。

(3) 默认下载目录："我的电脑" → "我的文档" → Download 目录。

11. 思维拓展任务

结合网络数据库原理,思考如何避免值被其他人覆盖。

第二节 读取Json数据——HappyWebJson

1. 本节概要

本节主要利用 Web 组件读取开放平台上百度天气的 Json 数据,对读取的数据进行解析,提取所需信息并加以显示。针对涉及网络开放平台百度天气的 API 接口 Json 数据读取操作,做了一个通用型的基本实例。

2. 学习要点

- 了解 Json 数据格式及百度天气数据的读取接口配置;
- 利用 Web 组件打开开放平台数据接口获得 Json 数据;
- 对接收的数据进行解析和使用。

3. 实例探究——HappyWebJson

项目功能实现:输入城市信息,若无对应的城市结果,则提示无该城市信息,如有则显示相应的天气信息,并给出当天的穿衣建议,如图 6-2-1 至图 6-2-3 所示。

图6-2-1 程序界面1

图6-2-2 程序界面2

图6-2-3 成功查到界面

4. 界面设计与组件构成

设计中添加了用于连接网络数据 API 的 Web 组件,如图 6-2-4 所示。

5. 组件的拖放和设置

参考图 6-2-5,拖曳组件到相应位置。

图6-2-4 最终UI界面

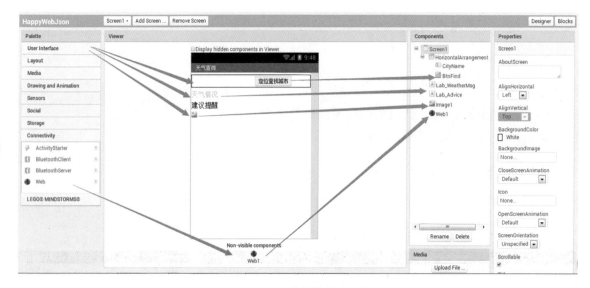

图6-2-5 组件的拖放和设置

界面设计和详细设置如表6-2-1所示。

表6-2-1 界面设计和详细设置

组件所属列表	组件名	属性名	属性值	说明
Layout	HorizontalArrangement1	—	—	水平布局控件
User Interface	CityName	—	清空	文本输入框
	BtnFind	Text	定位查找城市	查找定位
	Lab_WeatherMsg	Text	天气情况	用于显示信息
	Lab_Advice	Text	穿衣指数	用于显示穿衣建议
	Image1	—	图像	用于显示天气图像
Connectivity	Web1	—	—	用于获取网络API数据

6．Blocks 编程拼接搭建

百度天气 API 接口申请地址：http://lbsyun.baidu.com/apiconsole/key。

打开临安的天气地址：http://api.map.baidu.com/telematics/v3/weather?location= 临安 &output=json&ak=D500ea12f53509ca3e97254bd6c3861a。

其中，ak=D500ea12f53509ca3e97254bd6c3861a 是申请到的接口，应用者最好独自申请一个，把申请到的 ak 放到自定义变量中，方便后续使用。

(1) 修改 BtnFind 的 Click 事件以查询数据。根据题意，配置好接口地址，进行百度天气 API 的数据连接读取，如图 6-2-6 所示。

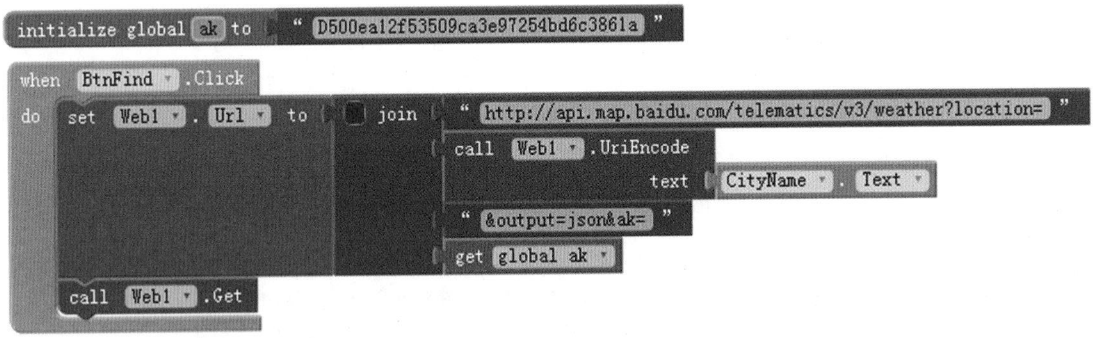

图6-2-6 百度天气API数据连接读取

单击按钮，调用 Web 组件进行开放平台的数据申请，调用成功后就会得到类似于图 6-2-7 所示的 Json 数据。

{"error":0,"status":"success","date":"2016-01-11","results":[{"currentCity":"临安","pm25":"52","index":[{"title":"穿衣","zs":"冷","tipt":"穿衣指数","des":"天气冷，建议着棉服、羽绒服、皮夹克加羊毛衫等冬季服装。年老体弱者宜着厚棉衣、冬大衣或厚羽绒服。"},{"title":"洗车","zs":"不宜","tipt":"洗车指数","des":"不宜洗车，未来24小时内有雨，如果在此期间洗车，雨水和路上的泥水可能会再次弄脏您的爱车。"},{"title":"旅游","zs":"适宜","tipt":"旅游指数","des":"稍凉，但是有较弱降水和微风作伴，会给您的旅行带来意想不到的景象，适宜旅游，可不要错过机会呦！"},{"title":"感冒","zs":"极易发","tipt":"感冒指数","des":"天气寒冷，昼夜温差极大且空气湿度较大，易发生感冒，请注意适当增减衣服，加强自我防护避免感冒。"},{"title":"运动","zs":"较不宜","tipt":"运动指数","des":"有降水，推荐您在室内进行低强度运动；若坚持户外运动，须注意保暖，做好准备活动，携带雨具。"},{"title":"紫外线强度","zs":"最弱","tipt":"紫外线强度指数","des":"属弱紫外线辐射天气，无需特别防护。若长期在户外，建议涂擦SPF在8-12之间的防晒护肤品。"}],"weather_data":[{"date":"周一 01月11日 (实时：4℃)","dayPictureUrl":"http://api.map.baidu.com/images/weather/day/xiaoyu.png","nightPictureUrl":"http://api.map.baidu.com/images/weather/night/xiaoyu.png","weather":"小雨","wind":"东北风微风","temperature":"6 ~ 4℃"},{"date":"周二","dayPictureUrl":"http://api.map.baidu.com/images/weather/day/yin.png","nightPictureUrl":"http://api.map.baidu.com/images/weather/night/yin.png","weather":"阴","wind":"东北风微风","temperature":"4 ~ 1℃"},{"date":"周三","dayPictureUrl":"http://api.map.baidu.com/images/weather/day/yin.png","nightPictureUrl":"http://api.map.baidu.com/images/weather/night/duoyun.png","weather":"阴转多云","wind":"西北风微风","temperature":"6 ~ 0℃"},{"date":"周四","dayPictureUrl":"http://api.map.baidu.com/images/weather/day/duoyun.png","nightPictureUrl":"http://api.map.baidu.com/images/weather/night/duoyun.png","weather":"多云","wind":"东北风微风","temperature":"8 ~ 1℃"}]}]}

图6-2-7 Json数据

为了让这段数据更具有可读性，把获取到的 Json 数据进行格式化，如图 6-2-8 所示。这样，对于需要解析的数据有了更加明确的层次关系。

(2) 提取所需信息并显示在界面中。当 Web 组件调用 Json 数据时，会自动触发 Web1 的 GotText 获取数据事件。模块如图 6-2-9 所示。

图6-2-8 将Json数据进行格式化

图6-2-9 调用Json数据

触发 GotText 事件,当有数据获得时,首先利用 responseCode 来判断是否正确获取,如图 6-2-10 所示。

图6-2-10 用responseCode来判断是否正确获取信息

返回数值可参考图 6-2-11 返回值对照表。

得到获取成功的信息后,下一步就是对获得的信息进行解析,提取需要的数据。主要提取的信息有 2 个,即当日天气信息和穿衣指数信息。

使用自定义变量 wea 与 des 来解析数据,当数据没有错误时,进行下一步的操作;否则显示暂无该城市信息,如图 6-2-12 所示。

HTTP Status Code	Description in English	Description in Chinese
1XX	Temporary Response	临时响应
100	Continue	继续
101	Switching Protocols	切换协议
102	Processing	处理中
2XX	Succeed	成功
200	OK	成功
201	Created	已创建
202	Accepted	已接受
203	Non-Authoriative Information	非授权信息
204	No Content	无内容
205	Reset Content	重置内容
206	Partial Content	部分内容
207	Multi-Status	多状态

图6-2-11　返回值对照表

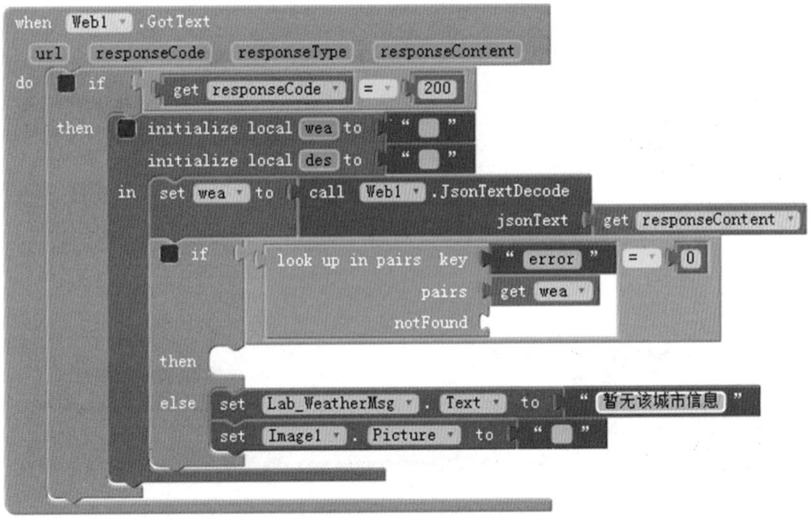

图6-2-12　使用自定义变量wea和des解析数据

为了解析获得的Json数据，观察数据结构层次，找出需要的目标数据，如图6-2-13所示。

图6-2-13　找出需要的目标数据

1) 天气数据的层次关系

第一个目标数据：Json 数据→ result（第一层、第一个节点）→ weather（第二层、第一个节点）→ date（目标关键字）：目标数据。

第一层解析到 results 数据，如图 6-2-14 所示。

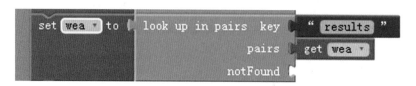

图6-2-14　解析到results数据

第二层解析获取 results 的第一个节点的 weather_data 节点数据，如图 6-2-15 所示。

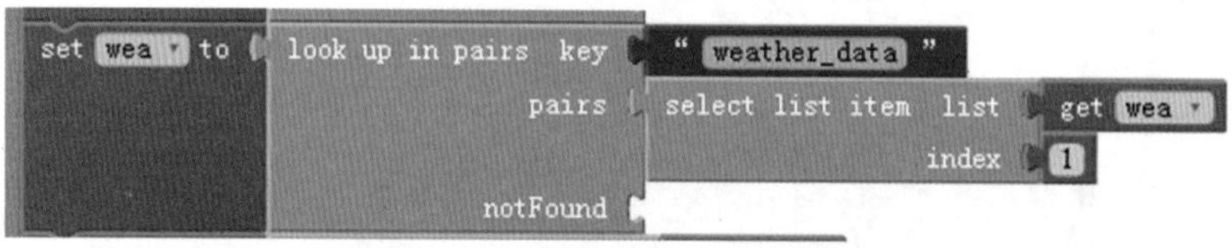

图6-2-15　获取 results的第一个节点的weather_data节点数据

获取 weather_data 节点的第一个节点节，如图 6-2-16 所示。

图6-2-16　获取weather_data节点的第一个节点节

根据获得数据，加载到显示的信息里，包括日期、天气、风向、温差，如图 6-2-17 所示。

2) 穿衣指数数据的层次关系

第二个目标数据：Json 数据→ results（第一层、第一个节点）→ index（第二层中第一个节点）→ des（目标关键字）：目标数据，如图 6-2-18 所示。

补充：因为在完整的 Json 数据 index 下有很多个节点，而穿衣数据是在 index 数据的第一个节点上，所以提取的时候要注意，默认是第一项。

7. 完整模块

完整模块如图 6-2-19 所示。

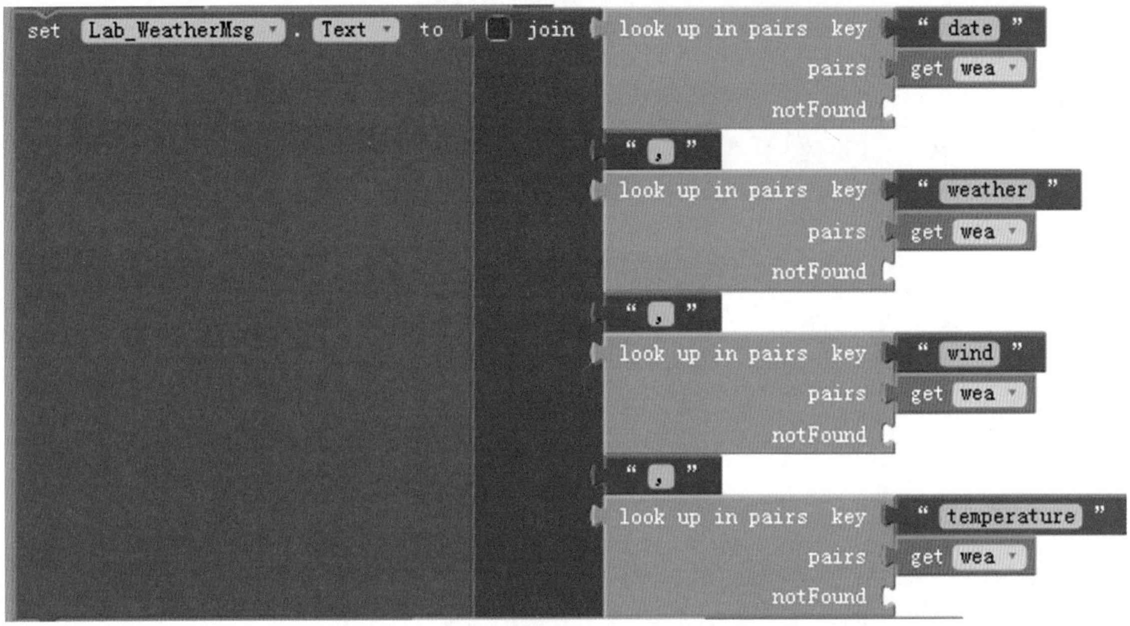

图6-2-17 将获得数据加载到显示的信息中

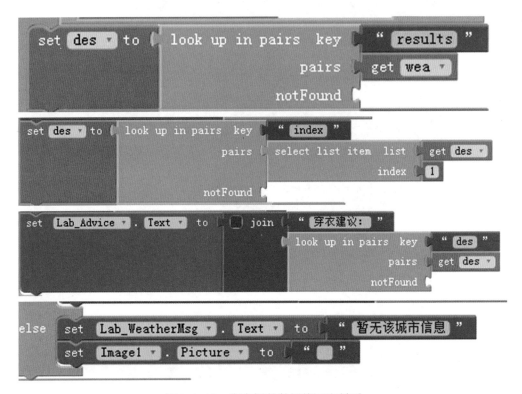

图6-2-18 穿衣指数数据的层次关系

图6-2-19 完整模块

8. 代码解读

利用 Web 组件调取输入城市的天气信息,解析得到 Json 数据,转化为 App Inventor 可以解析的 List 数据格式。利用列表查找匹配,对数据分层次解析,最后得到目标数据。

9. 测试

使用模拟器对 APP 进行测试,测试界面如图 6-2-20 所示。

图6-2-20　使用模拟器测试界面

10. 项目的保存和导出

(1) 保存项目的方法：执行 Project → Save project 命令。

(2) 导出项目的方法：执行 Project → My Projects → Export selected project (.aia) to my computer 命令。

(3) 默认下载目录："我的电脑" → "我的文档" → Download 目录。

11. 思维拓展任务

(1) 美化界面,将界面设计得更美观。

(2) 仔细研究 Json 数据,试一试能否仿照课程例子解析其他所需数据。

第三节　快乐高手榜"贪吃蛇"——HappySnake

1. 本节概要

本节将要综合利用所学的知识,制作经典游戏"贪吃蛇"。本实例利用了 Canvas 组件的绘图功能,用数学模型把 Canvas 划分成多个可以定位的色块,并标记每个色块位置的值,利用 List 组件存储"贪吃蛇"的值,结合计时器 Timer 事件实现动态绘制效果。

结合之前所学的网络数据库,让"贪吃蛇"成绩的高低作为加入高手成绩榜的判断依据,一旦有比排行榜列表所在的值更高的成绩,就更新到高手榜上,增强可玩性。

2．学习要点
- 利用 List 和 Canvas 组件完成背景、蛇、苹果的布局设计；
- 增强计时器的参数设置与控制；
- 加强字符串的拼接使用；
- 掌握网络数据库的存储、取值、更新操作。

3．实例探究——HappySnake

单击"左边""上面""下面""右边"按钮，贪吃蛇可以移动，当触到绿色方块（苹果目标物）时，得分 +1，当触到边界或红色蛇身时，游戏结束，可以通过查看功能查看网络排行榜，如图 6-3-1 至图 6-3-3 所示。

图 6-3-1　程序界面1　　　图 6-3-2　程序界面2　　　图 6-3-3　Rank排行榜界面

4．界面设计与组件构成

主游戏屏幕利用了 Canvas，下方设置方向按钮和测试按钮，如图 6-3-4 所示。

Rank 界面主要设计用于显示排行榜，如图 6-3-5 所示。

5．组件的拖放和设置

如图 6-3-6 所示，由于界面设计不能完整显示，所以用于测试的区域单独截图。在本实例中，有些按钮（苹果、清屏、画蛇）主要是为了方便前期测试所用，可选择忽略，如图 6-3-7 所示。

图6-3-4　最终UI界面

图6-3-5　Rank界面

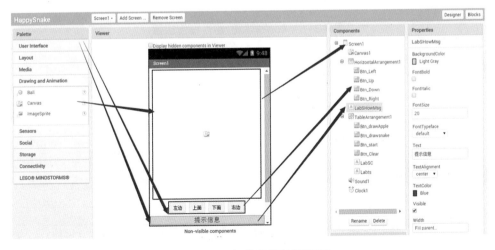

图6-3-6　组件的拖放和设置

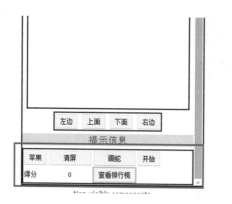

图6-3-7 部分截图

Rank 屏幕的组件拖曳放置，如图 6-3-8 所示。

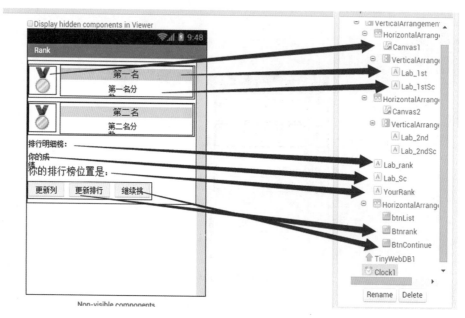

图6-3-8 Rank屏幕的组件拖曳放置

在屏幕 Screen1 上结合图 6-3-8，组件拖曳列表参考表 6-3-1。

表6-3-1 Screen1屏幕组件列表

组件所属列表	组 件 名	属性名	属性值	说　明
Drawing and Animation	Canvas1	Width	300	宽 300 像素
		Height	350	高 350 像素
Layout	HorizontalArrangement1	—	—	水平布局控件
User Interface	Btn_Left	Text	左边	—
	Btn_Up	Text	上面	—
	Btn_Down	Text	下面	—
	Btn_Right	Text	右边	—

续表

组件所属列表	组件名	属性名	属性值	说明
User Interface	LabSHowMsg	Text	提示信息	充满屏幕,蓝色20磅字号
		FontSize	20	
		Width	Fill parent	
Drawing and Animation	TableArrangement1	—	—	4列2行布局,用于测试模块
User Interface	Btn_drawApple	Text	画苹果	—
	Btn_drawsnake	Text	画蛇	—
	Btn_start	Text	开始	—
	Btn_Clear	Text	清除	—
	Labts	Text	得分	—
	LabSC	Text	得分数值	—
	Btn_Rank	—	查看排行榜	调转
Media	Sound1	—	—	暂未用(拓展)
Sensors	Clock1	TimerInterval	500	Timer 间隔

Rank 屏幕(第二个屏幕)的组件列表可参考表 6-3-2。

表6-3-2　Rank的屏幕组件列表

组件所属列表	组件名	属性名	属性值	说明
Layout	VerticalArrangement1	—	—	垂直布局控件
Layout	HorizontalArrangement1	—	—	水平布局控件
Drawing and Animation	Canvas1	Width	50	放置金牌图片(jin.png)
		Height	50	
Layout	VerticalArrangement2	—	—	垂直布局控件,放置两个标签
User Interface	Lab_1st	—	—	
	Lab_1stSc	—	—	
Layout	HorizontalArrangement2	—	—	—
Drawing and Animation	Canvas2	Width	50	放置银牌图片(yin.png)
		Height	50	
Layout	VerticalArrangement3	—	—	垂直布局控件,放置两个标签
User Interface	Lab_2nd	—	—	
	Lab_2ndSc	—	—	
	Lab_rank	text	成绩列表	用于显示成绩
	Lab_Sc	Text	成绩显示	—
	YourRank	Text	排名显示	—
Layout	HorizontalArrangement3	—	—	—
User Interface	BtnList	—	更新列表	—
	Btnrank	—	更新排名	—
	BtnContinue	—	继续	—
Storage	TinyWebDB1	—	—	用于更新网络数据库内容
Sensors	Clock1	—	—	用于解决网络连接时差

6. Blocks 编程拼接搭建

1) Canvas 的分块设计

针对游戏界面的绘制设计，为了更简单、直观地说明本实例，采用固定值进行设计，把 Canvas 宽和高设为定值，即宽为 300 像素、高为 350 像素，设计为 12 列和 14 行。这样整个 Canvas 共有 168 个 25×25 像素的色块，并让 25×25 像素区域内实际绘制 24×24 像素（利用画线方法 drawline，使用线宽 24 的画笔），留下一个像素用于区分边界。用 drawback 方法绘制背景。模块效果和代码搭建界面如图 6-3-9 所示。

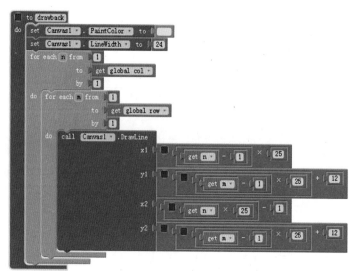

图6-3-9　模块效果和代码搭建界面

这样做的目的是简化数学计算模型，加强可控性。界面大小以固定像素为块设计也会产生一定的问题，如在小屏（设备少于 300×350 像素）会出现不能完整绘制，此时可以降低行、列数，达到顺利测试的目的。对于另一个会造成大屏手机的屏幕空间浪费的问题，为了不增加阅读障碍，暂且不做界面显示的优化操作，可以放到后续的拓展来做，对于有兴趣的人，可以按照自适应屏幕模块方法来做。

把 Canvas 分割出来的 168 块依次标记为 0、1、2、…、167，如图 6-3-10 所示。

每一个值代表一个不同位置，然后利用不同的值结合不同颜色块来绘制，用红色代表贪吃蛇，绿色代表苹果目标物，如图 6-3-11 所示。

2) Screen1 屏幕自定义变量

根据需要设置相关自定义变量，如图 6-3-12 所示。

第六章 网络综合拓展

0	1	2	3	4	5	6	7	8	9	10	11
12	13	14	15	16	17	18	19	20	21	22	23
24	25	26	27	28	29	30	31	32	33	34	35
36	37	38	39	40	41	42	43	44	45	46	47
48	49	50	51	52	53	54	55	56	57	58	59
60	61	62	63	64	65	66	67	68	69	70	71
72	73	74	75	76	77	78	79	80	81	82	83
84	85	86	87	88	89	90	91	92	93	94	95
96	97	98	99	100	101	102	103	104	105	106	107
108	109	110	111	112	113	114	115	116	117	118	119
120	121	122	123	124	125	126	127	128	129	130	131
132	133	134	135	136	137	138	139	140	141	142	143
144	145	146	147	148	149	150	151	152	153	154	155
156	157	158	159	160	161	162	163	164	165	166	167

图6-3-10 将块做标记

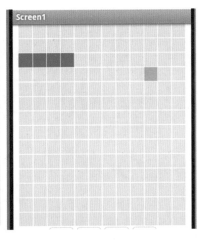

0	1	2	3	4	5	6	7	8	9	10	11
12	13	14	15	16	17	18	19	20	21	22	23
24	25	26	27	28	29	30	31	32	33	34	35
36	37	38	39	40	41	42	43	44	45	46	47
48	49	50	51	52	53	54	55	56	57	58	59
60	61	62	63	64	65	66	67	68	69	70	71
72	73	74	75	76	77	78	79	80	81	82	83
84	85	86	87	88	89	90	91	92	93	94	95
96	97	98	99	100	101	102	103	104	105	106	107
108	109	110	111	112	113	114	115	116	117	118	119
120	121	122	123	124	125	126	127	128	129	130	131
132	133	134	135	136	137	138	139	140	141	142	143
144	145	146	147	148	149	150	151	152	153	154	155
156	157	158	159	160	161	162	163	164	165	166	167

图6-3-11 数值对应图表与绘制界面

```
initialize global SnakeScore to 0
initialize global snakelist to   create empty list
initialize global appleBool to   true
initialize global apple to   77
initialize global which to 0
initialize global x to 0
initialize global y to 0
initialize global row to 14
initialize global col to 12
initialize global temp1 to 0
initialize global temp2 to 0
```

变量名	初始值	作用
SnakeScore	0	记录得分
snakeList	空表	—
appleBool	True	标记是否有苹果
apple	数值	苹果所在初始值
which	0	用于标记方向
x	0	用于标记
y	0	
row	14	列值
col	12	行值
temp1	0	临时变量,用于存储色块值
temp2	0	

图6-3-12 根据需要设置相关自定义变量

(1) 贪吃蛇的初始化和静态绘制。

初始化的过程有：①红色画笔绘制蛇；②绿色画笔绘制苹果目标物；③初始化列表，屏幕初始化，单击"开始"按钮。

第一步：根据 snakelist 表的各个值绘制 snake。

绘制原理同绘制灰色背景一致，利用线宽 24 像素的绘制画笔绘制贪吃蛇。所以前面的线宽参数可以不改变，事实上整个贪吃蛇的线宽都不必改变，只需将画笔颜色变为红色，如图 6-3-13 所示。

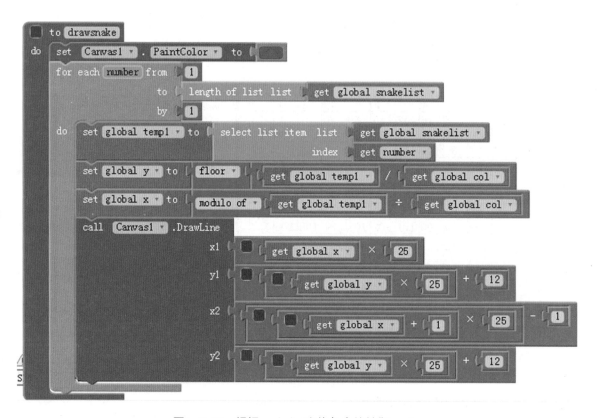

图6-3-13　根据snakelist表的各个值绘制snake

第二步：绘制苹果目标物。

① 产生一个随机数，判断这个随机数是不是贪吃蛇的色块，如果是则重新产生，使用 appleBool 作为判断变量，直到产生一个不在贪吃蛇列表的值，退出循环。

② 用绿色画笔绘制该苹果，修改标记值。使用 apple 变量记录苹果的位置。

用 drawapple 模块搭建如图 6-3-14 所示。

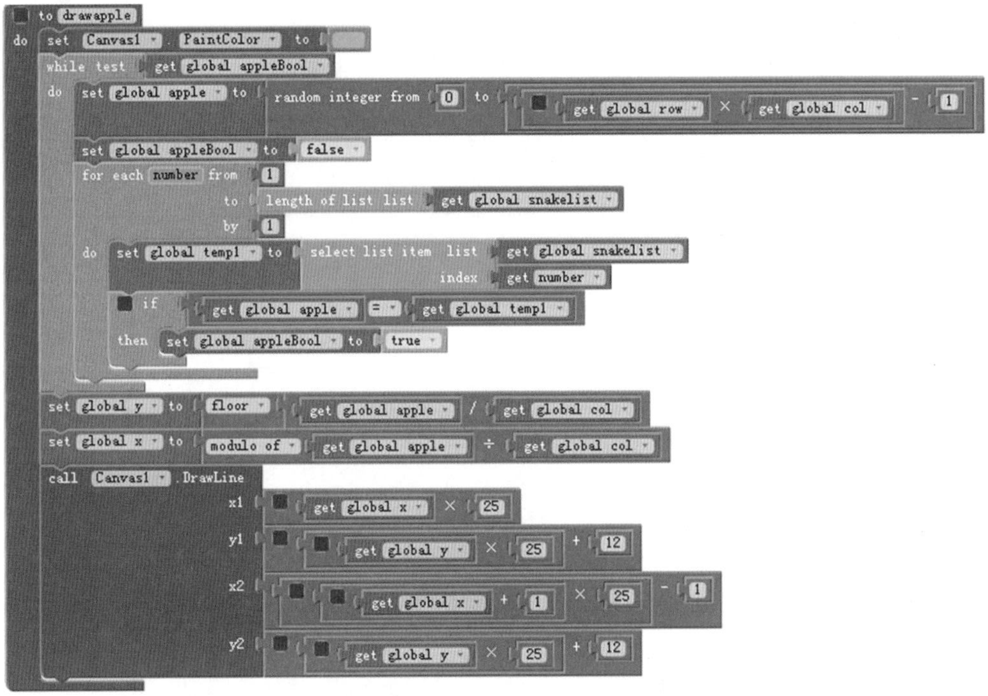

图6-3-14 绘制苹果目标物

第三步：程序的初始化与"开始"按钮，如图 6-3-15 所示，主要实现的是初始化操作。

① 启动计时器，默认让贪吃蛇向右移动。

② 清空 snakelist 列表，加入初始化数值。

③ 清空分数值。

④ 按顺序绘制背景、苹果、贪吃蛇。

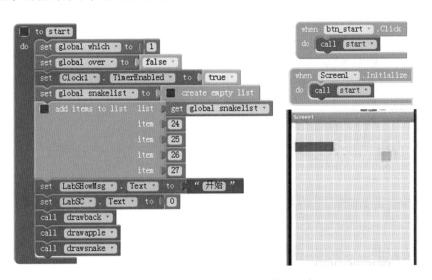

图6-3-15 屏幕初始化与"开始"按钮

（2）移动上、下、左、右按钮改变贪吃蛇。

贪吃蛇的基本数学模型已基本建立。接下来，利用方向值的改变来构造贪吃蛇的 4 个方向，参考表 6-3-13，用一个 which 自定义变量来确定贪吃蛇变化的位置。

表6-3-3　which变量

变 量 值	代　　表
0	初始化值
−1	右边
1	左边
1× 行值	上面
−1× 行值	下面

which 变量对应的模块值如图 6-3-16 所示。

图6-3-16　which变量对应的模块值

但是考虑到在某些情况下是不能改变方向的，参考图 6-3-17。

① 右行的时候不能直接左行。

② 左行的时候不能直接右行。

③ 上行的时候不能直接下行。

④ 下行的时候不能直接上行。

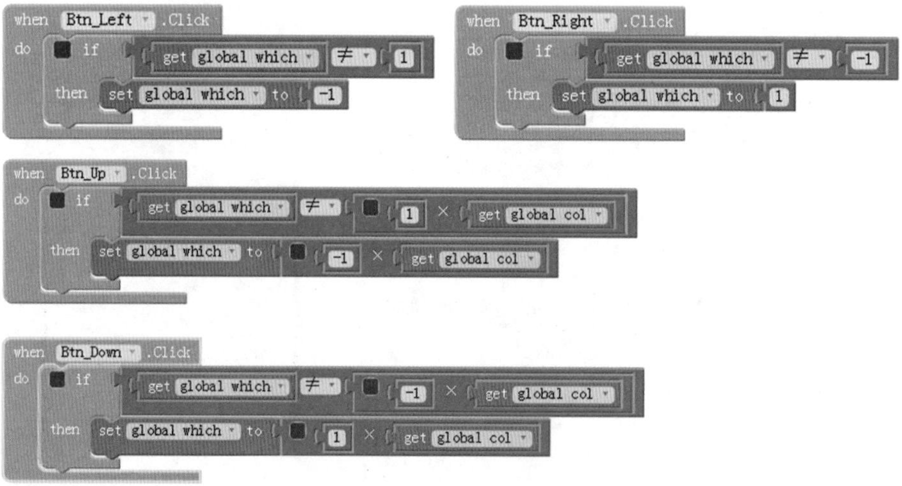

图6-3-17　改进后的方向按钮设定

可以根据 which 的值预先测算贪吃蛇的下一个位置，提取贪吃蛇列表的最后一个位置（贪吃蛇的头），预测值加上方向变量（which）记录到 temp2 中。调用 GameOver 方法判断贪吃蛇是否触碰到边界以及是否"咬到自己"，这可以从几种特征值来判断，如图 6-3-18 所示。

图6-3-18　特征值判断

- 判断上、下边界，如图 6-3-19 所示。

图6-3-19　判断上、下边界

- 判断为触碰右边界：利用取余的方法，下一位置能够整除列数并且方向向右，如图 6-3-20 所示。

图6-3-20　判断为触碰右边界

- 判断左边界同理，下一位置能整除（列数－1）并且方向向左，如图 6-3-21 所示。

图6-3-21　判断为触碰左边界

这个地方可能会有一些理解障碍，为了更好地理解，可以观察图 6-3-22，如果不做左、右边界的判断，在右方向前进（+1）的时候，a1 的下一个位置是 a2，这样就属于跨行，a1 数值83变成了84,这样就是触碰到了右边界。同理,在左行线路下(-1),从b1变成b2也是触碰到了左边界,如图6-3-22所示。

在不触碰到边界的情况下,贪吃蛇的下一个位置还可能是蛇本身的位置,这样的情况就属于"咬到自己"。使用一个方法遍历列表,判断下一位置不是蛇身位置,如图6-3-23所示。

但是在运行过程中会有一个bug。因为贪吃蛇的下一个位置可以是蛇的尾巴,因为它最后会被刷新掉。所以把模块改为,除了最后一个尾巴(列表的第一项)外,下一位置和蛇身模块重合即判为"咬到自己"。同时标记over变量为true,模块改进如图6-3-24所示。

图6-3-22 触碰边界判断

图6-3-23 判断为"咬到自己"

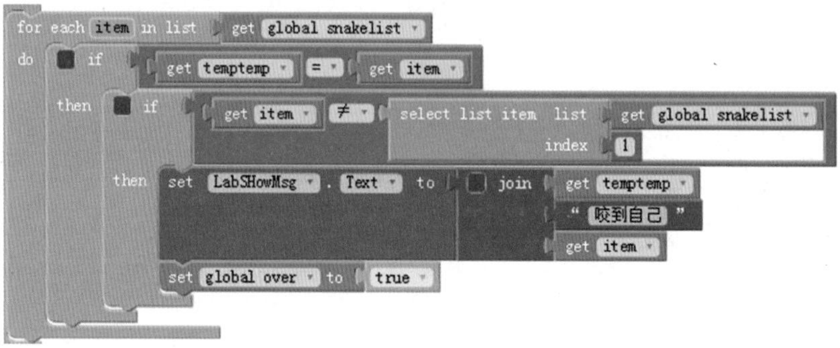

图6-3-24 改进的模块

完整的判断游戏结束条件模块如图6-3-25所示。

(3)利用计时器Timer事件移动贪吃蛇。

把移动贪吃蛇的模块放置到计时器的Timer动作中,如图6-3-26所示。

当贪吃蛇能够进行到下一个位置时,此时就应该把贪吃蛇更新到下一个位置。主要包括两步:①将新位置添加到贪吃蛇列表。②用背景色绘制贪吃蛇尾巴的位置,并移除贪吃蛇表该位置(列表第一项)。

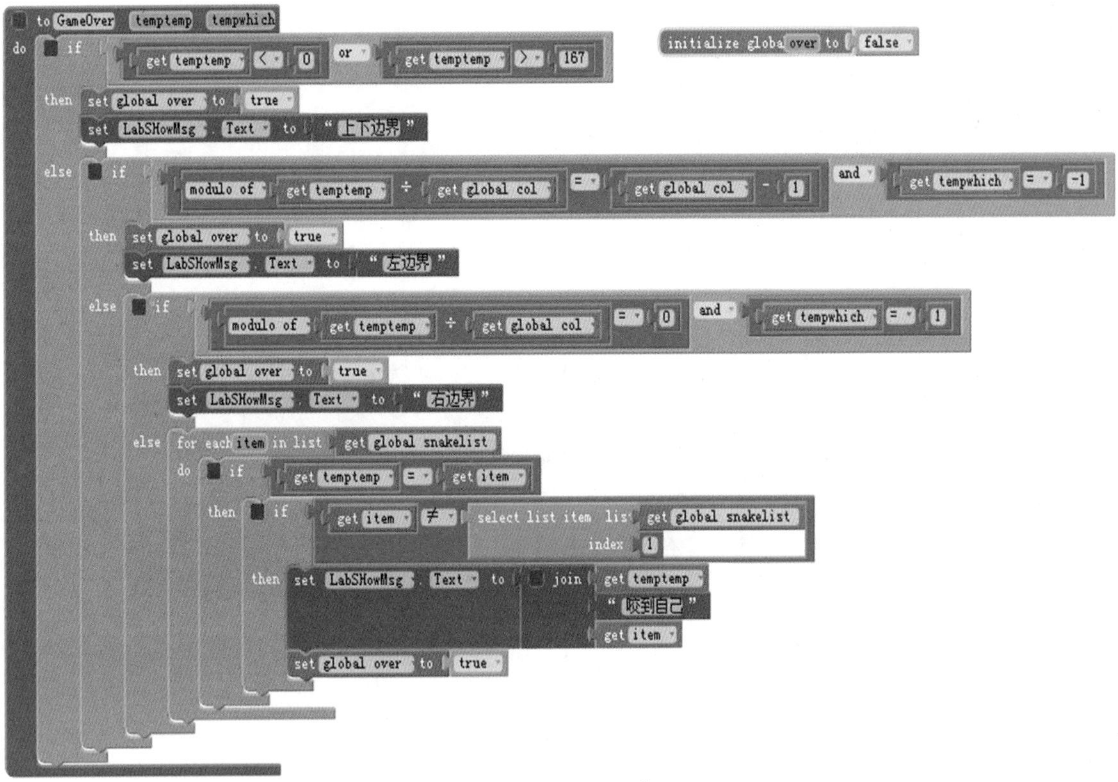

图6-3-25 完整的判断游戏结束条件模块

图6-3-26 利用计时器Timer事件移动贪吃蛇

贪吃蛇图像的更新方法：删除列表 snakelist 的第一个元素（尾巴）之后，用 drawOne 方法把这个元素绘制成与背景颜色一样的色块。drawOne 是一个带参数的绘制函数，参数 x 就是色块位置，如图 6-3-27 所示。

判断是否吃到苹果的过程：根据贪吃蛇的下一目标值来判定，如果吃到苹果则标记苹果变量为 true，重新产生一个新苹果，贪吃蛇身体长度 +1，尾巴不做删除；如果没有吃到苹果，贪吃蛇进入下一个位置，尾巴位置从列表删除，并且该位置用背景色绘制，为了测试方便，显示其方向值（which），如图 6-3-28 所示。

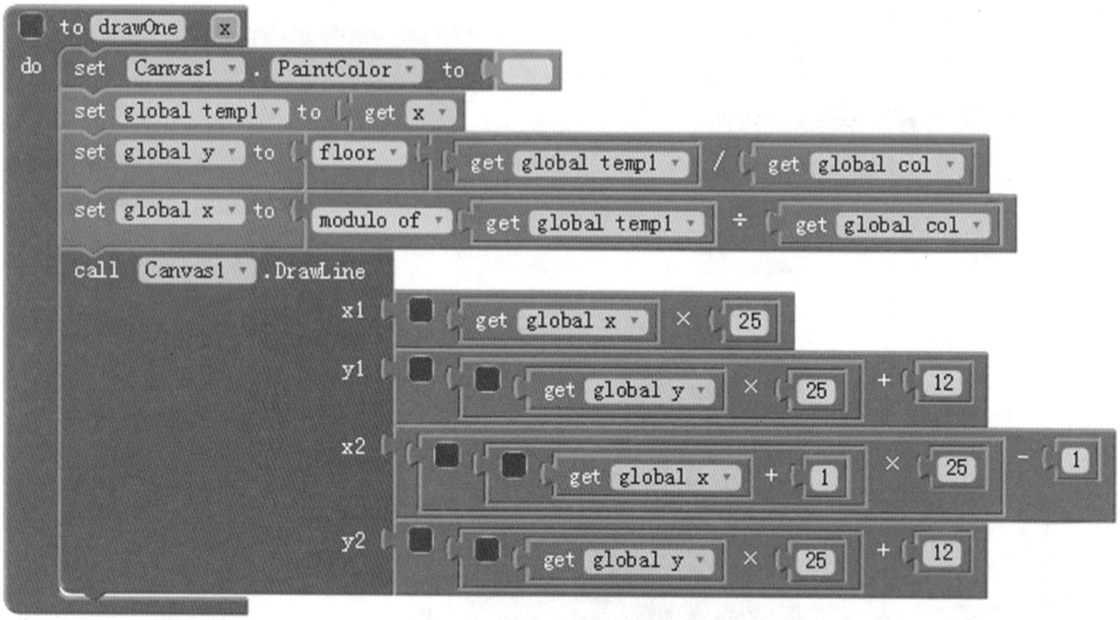

图6-3-27 贪吃蛇图像的更新方法

图6-3-28 判断是否吃到苹果

把以上几个模块整合到 MoveSnake 方法中，移动贪吃蛇的模块具体分析如下：

① 当方向不为 0 时，提取当前列表最后一个元素，得到下一个运动模块标记为 temp2。
② 判断 temp2 模块是否触发游戏结束标记，如果是则判定游戏结束。
③ 如果 temp2 与苹果位置正好重叠，则表示吃到苹果，分数加 1，重新产生一个苹果。
④ 如果没有吃到苹果，则删除列表的第一项。

⑤ 更新贪吃蛇信息。

其完整代码如图 6-3-29 所示。

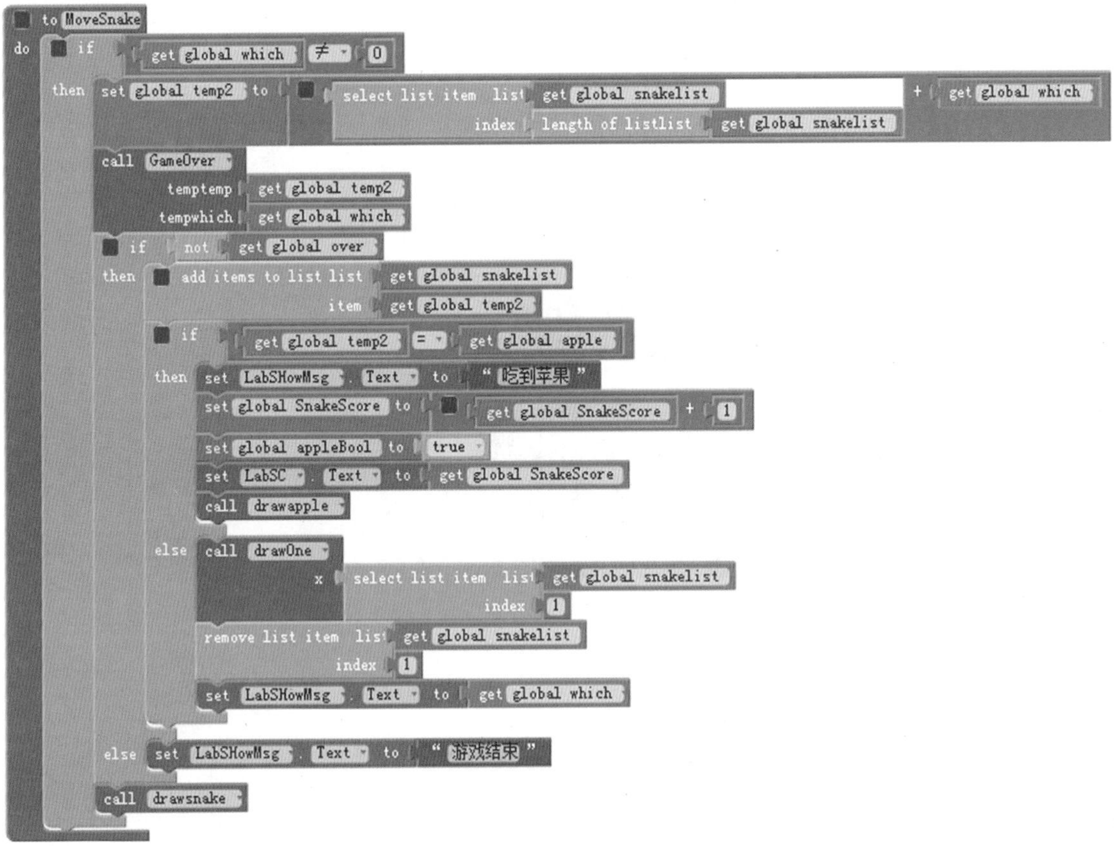

图6-3-29 贪吃蛇完整代码

(4) 测试按钮。

为了方便测试，增加了一些按钮用于搭建过程中的测试，如图 6-3-30 所示。

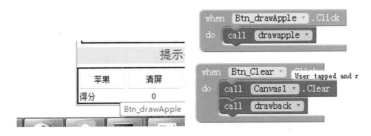

图6-3-30 测试按钮搭建

查看排行榜的方法如下。

单击"查看排行榜"按钮，单击"进入排行榜"按钮，如图 6-3-31 所示。

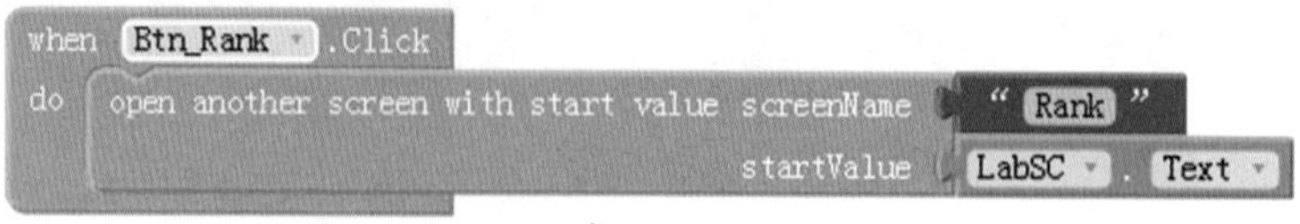

图6-3-31 查看排行榜

这是一个带参数的屏幕打开方法,在另一个屏幕可以通过 get start value 打开。

(5) Rank 屏幕的模块设置,完成排行榜更新。

Rank 屏幕自定义变量:定义 Rank 屏幕模块需要使用的变量和列表,如图 6-3-32 所示。

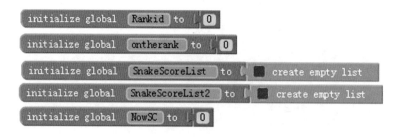

图6-3-32 Rank屏幕自定义变量

Rankid—用于排行榜列表的循环;ontherank—排行榜位置;SnakeScoreList—初始化的成绩列表;SnakeScoreList2—用于接收 TinyWebDB 网络数据库获得的列表值,并把它显示出来;NowSC—用于接收 Screen1 传过来的屏幕值

Rank 屏幕的初始化方法如下。

配置网络数据库与获取 Screen 传过来的值,如图 6-3-33 所示。

图6-3-33 Rank屏幕的初始化

初始化列表的方法如下。

为了方便测试,增加了一个初始化列表的按钮,并通过网络数据库组件把它存放在网络数据库,如图 6-3-34 所示。

(6) 用计时器更新网络排行榜。

因为调用网络数据库有一个时间响应问题,所以用了一个计时器,用了 2s 的相应间隔来获取数据,确保需要获取的网络数据库能够被获取,获取的同时关闭计时器。同时调用排行榜更新方法（uprank），如图 6-3-35 所示。

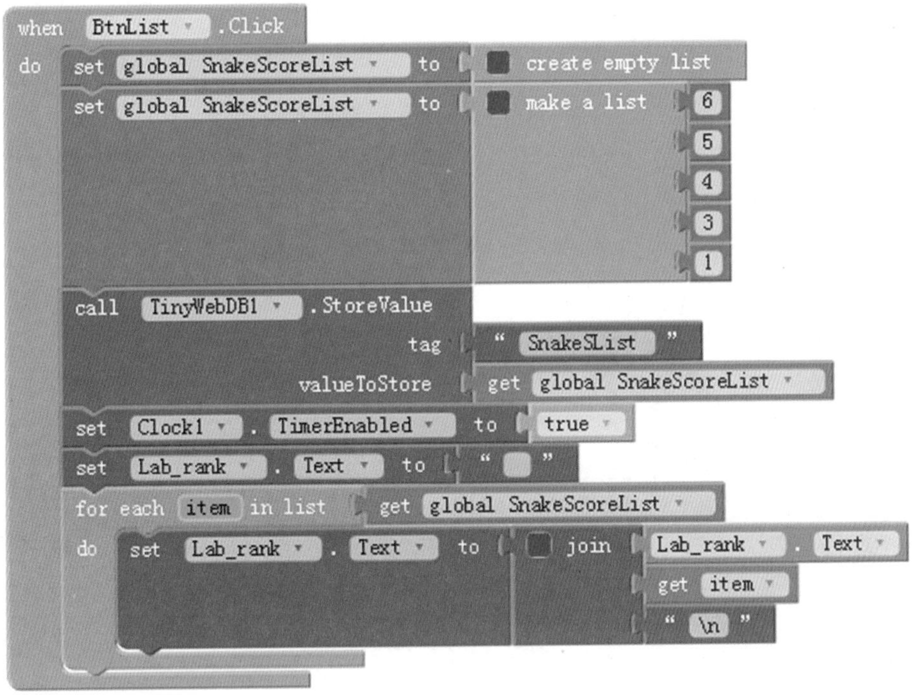

图6-3-34　初始化列表

图6-3-35　调用排行榜更新方法

将获取到的网络数据存储到 SnakeScoreList2 中，如图 6-3-36 所示。

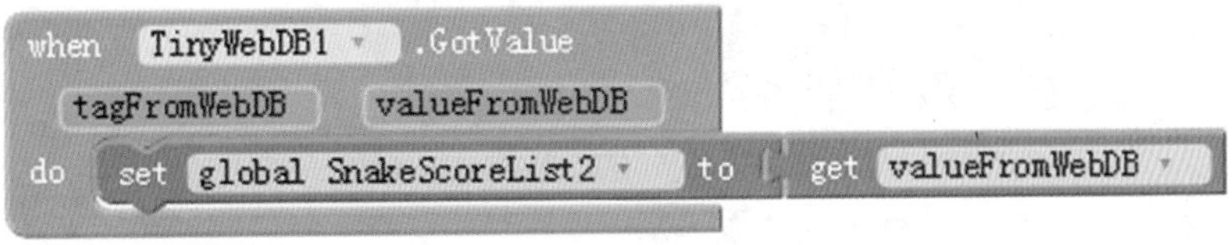

图6-3-36　将获取到的网络数据存储到SnakeScoreList2中

（7）使用 uprank 方法更新排行榜。

根据取得的值来与列表中的值作比较，是否比列表中的值要大。如果要大则说明这是一个需要更新到高手榜的值，记录该位置，并把值插入该位置。同时如果有插入列表操作，则把列表最后一项（当前最低）删除，完成排行榜的更新操作。

用 ontherank 来标记取得值在列表的位置，0 代表未上排行榜，非 0 代表排行榜位置。结合该方法的具体模块参考图 6-3-37。

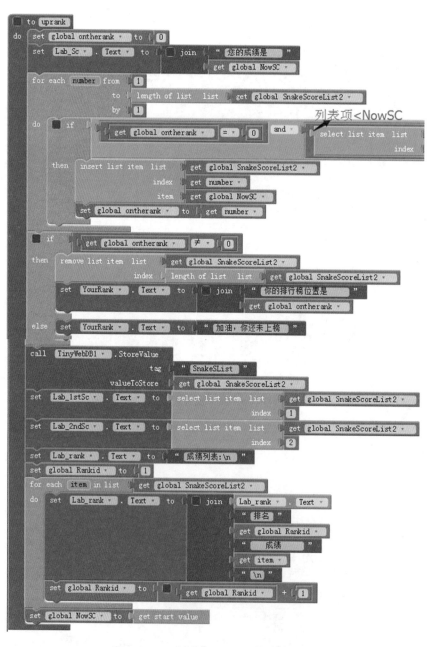

图6-3-37　结合ontherank的具体模块

根据需要设置测试功能按钮的相应模块,如图 6-3-38 所示。

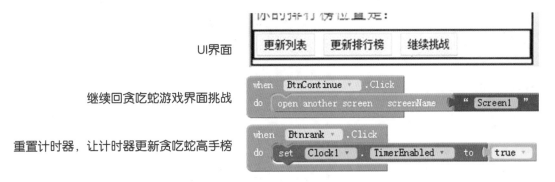

图6-3-38　设置测试功能按钮的相应模块

7. Screen1 完整模块

Screen1 屏幕因为代码模块较多,所以使用了折叠图形式,如图 6-3-39 所示。

图6-3-39　Screen1完整模块

8. Rank 完整模块

Rank 完整模块如图 6-3-40 所示。

9. 代码解读

本实例以经典游戏"贪吃蛇"为主要研究实例,根据贪吃蛇游戏的一些规则建立数学模型,主要是以列表的形式存值,然后利用值的大小把它转换为行列号,有了行列号,可以求得两个关键点坐标,进行定值宽度粗线条的绘制(矩形单元块)。结合计时器事件和自定义的变量与方法,更新贪吃蛇的各种状态,包括移动位置的改变、吃到目标物、触发游戏结束条件。

排行榜功能的实现主要结合列表数据在网络数据库的存取与修改。

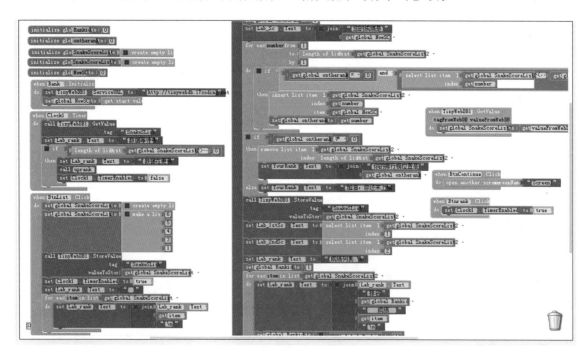

图6-3-40　Rank完整模块

10．测试

使用模拟器对 APP 进行测试，测试界面如图 6-3-41 所示。

图6-3-41　使用模拟器测试界面

第六章　网络综合拓展

11．项目的保存和导出

（1）保存项目的方法：执行 Project → Save project 命令。

（2）导出项目的方法：执行 Project → My Projects → Export selected project (.aia) to my computer 命令。

（3）默认下载目录："我的电脑"→"我的文档"→ Download 目录。

12．思维拓展任务

（1）本实例设置了边界结束游戏。可以考虑如果没有边界应该如何处理，实现穿越边界的功能。

（2）可以试试设计 45°斜着走的贪吃蛇，同时美化苹果目标物。

（3）利用所学知识增强游戏的可玩性。

这是一个可玩性比较高的经典游戏，如何增强游戏的可玩性需要同学们去体验探究，学会在学习中玩也是这个课程的一个兴趣所在。

本章总结

　　本章作为网络拓展模块，涉及了更多的网络数据模块，为制作更加具有交互性的应用奠定了网络基础，为APP的开发开启了一个高级窗口。

参考文献

[1] MIT官网，http://appinventor.mit.edu/.

[2] 广州电教馆APP云，http://app.gzjkw.net/（全国比赛网站）.

[3] App Inventor 中文网，http://www.appinventor.com.cn/.

[4] 新浪老巫婆，http://www.17coding.net/.

[5] 金华附中学生作品网站，http://app.ourschool.cn/.

[6] 於中安卓交流网校本课程交流平台，http://happyoneapp.sinaapp.com/.

[7] 微信公众号，於中APP.

后　记

　　当我利用暑假完成了《App Inventor 安卓手机应用开发简易入门》初稿的编写之后,有一天,郑剑春老师因为我分享在百度文档的一些课程章节找到我,希望我能够把这些课程内容进行整理充实和完善后出版。我感觉自己作为一名普通教学老师,离书籍出版还有一定的距离。内心诚惶诚恐,又有一些憧憬,想到能够把自己所学的东西以书的形式展现,也是"美美的"。在编写此书的这段时间,也想尽力多写一些觉得对读者更有用的实例,在审稿中尽力去除原来存在的一些纰漏和错误。对于书中的一些不当之处,诚挚希望大家能够给我一些反馈,也欢迎各位与我交流。

　　这本书能够顺利出版,要感谢郑剑春老师的指引,也感谢一直支持我写书的家人的督促。此外,还有我单位的同事们给我的建议,我的 APP 教学班学生,能够让我在教学中不断完善课例。总之,谢谢大家!

徐叶锋
2018 年 4 月